# 让自己的人生
# 永远有选择

达叔 著

四川人民出版社

# 目 录

## 第一章
### 认知的高度，决定了人生选择的宽度 / 001

你的财富思维进化到哪一步了 / 003

抓住人生中的主要矛盾 / 008

人生的顺序，一旦搞错就尴尬了 / 013

你给自己立了什么规矩 / 019

他俩是如何赚到第一桶金的 / 025

为什么很多公司搞培训没有用 / 028

穷到没有负债，那才是真的穷 / 035

复利思维在现实中的应用案例 / 041

## 第二章
### 选对赛道，人生才能有未来 / 045

年轻人的赛道选择 / 047

一个罕见的、对普通人最友好的行业 / 052

食物链的攀爬和我们这代人的机会 / 055

三十年前的投资，一个家族的崛起 / 060

城市化进程和医疗行业趋势 / 063

不要动不动看不惯，思考行规产生的原因 / 067

1

你在什么城市，就吃什么药 / 073

不要等别人来给你定指标 / 077

坚持到对手倒下，你就赢了 / 082

人生很多选择是不可逆的 / 086

## 第三章

### 认清形势，掌握底层逻辑 / 091

没到内卷的时候，发现黄金的路径 / 093

看一眼真实的世界 / 097

要成事，就不要随大流 / 103

不要做那些一眼就能看懂的事 / 110

换一种做法，财富规模成倍翻 / 114

积累不到财富就算了，为什么还总被骗 / 120

赢钱当然重要，能带得走更重要 / 131

你死里逃生最大的感想是什么 / 137

## 第四章

### 靠近强者，让自己有更多可能 / 143

和优秀的人在一起 / 145

多交往聪明且有雄心的人 / 151

为什么很多战略合作都没什么意义 / 155

僵化是强者的宿命，灵活只是弱者的无奈 / 160
有事言语一句，没事各忙各的 / 165
赌徒赢钱从来不值得羡慕 / 171
一年顶十年的认知，是从筛选和剔除开始的 / 176

## 第五章
### 让自己的人生永远有选择 / 181

从没有网感到百万营收，浅谈我的野蛮成长 / 183
时间和算法，才是造富之路 / 189
定位决定地位 / 194
论生意的分层和网红的转身 / 199
如何把一个小生意做大 / 205
眼界开阔的年轻人 / 211
多少钱才能够"收买"你 / 217
诀窍都在小事里 / 221
让自己的人生永远有选择 / 227

# 第一章

认知的高度,
决定了人生选择的宽度

# 你的财富思维进化到哪一步了

有个读者发来信息说:"达叔,你坚持写作一年多了,写得越来越顺,作品质量越来越好,我写了一段时间,却越来越糟。"

我回复:"你是金融行业的,离钱更近,如果真的能做出来,应该可以赚得更多。"

不过,我没有说的是,作品的质量其实是很重要的。

我的很多读者也会评论我的文章,说这篇文章是写得最好的。看着是夸人,听着却像是在骂人一样。如果我在意这些评论,那是没法干下去的。

一

有个读者,是某基金的合伙人。

某晚他给我发信息,做了自我介绍,说自己是知识星球会员,在医疗领域投了很多知名公司,想和我深度聊一下医疗行业。

我答应了,我们约了第二天早上十点半,在咖啡厅见了面。

基金人很帅,1983年生人,金融出身,说话轻声细语的,一看就是文化人。

基金人说:"我从北京飞广东,航班被取消了三次,实在受不了,就改签到了上海,顺路约一下你,看看能不能聊一下。"

我问:"现在人见到了,感觉如何?"

基金人说:"很不一样,你比我想象的要年轻一些。你的名字里也没有'达'字,挺出乎我意料的。"

我说:"人长得老,阴错阳差就有了这个称呼。"

基金人问:"在我的印象中,医疗行业里的人都很低调,你为啥走了这条路线?"

我说:"你在金融行业,还在国企待过,而且还是总经理级别,你们低调是对的。但是,我作为普通人,没有任何背景,从一线销售开始拼杀,竞争是极其激烈的。

"在这样拥挤的赛道里,普通人是没有资格低调的。你喊破喉咙都没人看到你,你要是默不作声,就更没戏了。不要指望伯乐来发现你这匹千里马,伯乐太忙了,每天应付上面都来不及,哪有时间去观察你?你只有拼命努力,从一群马里跑出来,甩开第二名远远的,一次又一次,你才有机会被伯乐看到。如果正好遇上伯乐需要人,你就有机会出头了。

"做销售,本质上和多数演员没什么区别,都是吃青春饭,最美好的时光就那十几年。时间到了,大家都得走,这和你做得好坏没太大关系。甚至有时候,在有些组织里,你做得越好,走得越快。一来,你做的事越多,留下的小辫子就越多,越容易被人抓住;二来,你做得越好,薪水涨得越快,终于有一天,在你这个级别薪水没法再涨了，你太贵了，也得走。这就是个体和组织之间相互依附的最终宿命。"

基金人说："有道理，领导不仅要考察能力，更要考察忠诚度。"

我说："这就对了，像我们这样的'土鳖'，没喝过洋墨水，汇报能力也不行，想清楚了这一点，就没必要装高大上，装也装不像。"

## 二

劝你低调的人，可能是对你充满善意的，但他很可能是错的。

因为在当今社会，无论你处于哪个商业组织，如果它需要你压制天性、刻意保持低调才能生存，那它很可能就不是个好组织，至少不是一个追求效率的组织，也不是一个能够让你赚钱的组织，最多只能给你发奖状。

真正高效的、奉行实用主义的组织，根本就不关心你是高调还是低调，甚至不管你跑不跑调。你交数据，出活儿，帮组织赚钱，只要不出乱子就行。

你看最近这些年拼杀出来的商业大佬，哪一个低调？该唱歌唱歌，该跳舞跳舞，这些都不是应该关注的，因为这些都不重要。

一个企业花了那么多钱，招了那么多人，搞一个企业账号，目的是什么？

就是为了让人看。

如果问我的建议，我就建议不用企业账号，全部用个人的，或者与行业营销号合作，花更少的钱，干更多的事，这样更有效率。

## 三

我每年都会认识非常多的朋友，我原来的微信积累了近四千个好友，包含各行各业的人。很多朋友，无论出了什么事，想找人帮忙时都会来找我，而我基本上也能帮上一点忙。

做自媒体之后，我注册了个达叔的微信号，一年多的时间添加了近一万五千人。

我要说的不是数量，虽然这个数量每天都在增加。

我要说的是，可以选择的联结质量。

很多人告诉你，不要做无效社交，要做有效联结。

你几乎做不到，因为你每年都是和那几个固定的人交往。

因为你接触的人太少，没的选。

但是，当你真的有的选时，你会选择什么样的道路呢？

有一个女读者，约我见面，说她老公是搞医疗的，以前是做技术的，现在做业务了。她老公想见我一下，看看有没有机会合作。

我说："好。"

她老公也加过我好友，我们拉了一个群，约定好时间、地点，我就去了。

到了门口，我给她老公发微信语音，发现联系不上，再一查，我被删除好友了。

我心里一惊：这是什么套路？本能的反应是，拉倒吧，不见了，不合作了。

再一想，不对，我要进去见一下，到底是什么样的人能干出这样的事，开开眼界也是好的。

坐下之后，我问："你知道咱俩今天要见面吗？"

对方说："知道。"

我很好奇地问："你大老远跑一趟来谈合作，结果却把谈合作的人给删了，这是啥套路？"

对方说："我们聊过几句，后来我给你发信息，你没回，我就把你删了。"

回家后，达婶问："今天谈得如何？有机会合作吗？"

我说："今天大开眼界了。

"大多数人还没有认识到流量的重要性。流量是极其稀缺的，'流量+万物'就是赚钱。

"有人用自媒体流量卖豪车，一年卖几个亿，卖会员一年四千万，卖房子一年上亿。用流量，'个人IP+产品品牌'联结，也能够发挥极强的战斗力，提高效率。但是，大多数人认识不到这一点。因为在他们的脑海中，好人都是低调老实的，天天瞎吹的都是坏人。"

## 抓住人生中的主要矛盾

周末,有个同学来找我喝茶聊天,是个单身的姑娘。

我问:"今天七夕,你不出去约会,跑来找我瞎聊个啥?"

姑娘问:"那个'达叔经济学'的公众号是不是你写的?"

我愣了一下,问:"你在哪里看到的?"

姑娘说:"在我们学校 EMBA(高级工商管理硕士)的医疗群里,你也在那个群,你可能没看,有一篇文章引起了群里激烈的争论。我看那篇文章的文风,非常像你说话的语气,结合一些生活经历,就猜到可能是你,所以约你见见。"

我说:"我平时除了业务之外,不太碰手机,更不太看群,那个是医疗投资群,里面都是专业人士,他们争论很激烈?"

姑娘说:"是的,而且撕得很厉害,同学之间都快撕破脸了。"

我说:"吵架又不赚钱,何必呢?"

姑娘说:"对,就是你这个吊儿郎当的样子,所以我看了几篇,觉得很可能是你,很多信息都对得上。"

我问:"大过节的,你找我想聊个啥?"

姑娘说:"你知道的,我还没结婚,在上海也没买房,虽然赚

## 第一章　认知的高度，决定了人生选择的宽度

了点钱，但职场上的收入跑不赢通货膨胀，更跑不赢上海房价的涨幅。我看到你还写了房产系列，想来和你聊两个事情：第一，我最近想换个工作，去一个更大的公司；第二，最近上海周边哪个城市可以出手，我想买套房子。"

我说："你是搞财务的，我是做业务的，你们财务上的事我不太懂，我给你的意见肯定不专业，而且很多都是歪理。"

姑娘说："我这趟来，就是专门来听歪理的。"

我说："我不知道这两个公司哪个好。如果我是你，针对目前的年龄、收入和资产状况，我就给自己定一个选择的标准：哪个工作不加班，可自由支配的时间更多，我就选哪个。这是最重要的。"

姑娘问："为什么？"

我说："因为你的当务之急，不是职业的发展，而是另外两件事：第一，找对象；第二，买房产。很多坐办公室的小姑娘完全被公司洗脑了，努力工作、加班加点、填表格、做 PPT，忙得昏天黑地。公司领导会觉得你很拼很优秀，会给你发个镶边的奖状，会给你涨 8% 的工资，以鼓励你继续加油。

"但对你个人来说，你人生的方向就跑偏了。你和我一样，都是从外地来上海打拼的，你是想留在上海，还是想等你青春耗尽的时候灰溜溜地回家？"

姑娘说："那肯定是想留在上海。"

我说："这才是你的第一目标，甚至是你毕业十年内唯一的目标。你拿出小本子算算，从毕业开始，你每年的工资按照最高级别

的涨幅，每年涨12%，每隔两三年还给你升一级，即使这样，你在上海能留得下来吗？"

姑娘说："还是不能。"

我说："当你发现了这个问题，那你努力的方向就应该赶紧调整，要换一种打法。可以找父母或亲戚朋友借钱，给自己买房，尽快完成原始积累。

"结不了婚，买不了上海的房子，就先买苏州、杭州、南京等周边城市的房子，以你的学历，很好落户。用资产来和资产价格赛跑，而不是拿纸币来和资产价格赛跑，否则你肯定输。"

姑娘说："我父母在小县城，家里没啥钱，舍不得。"

我说："我微天使投资的那个星佳，他说过一句话，'你不试一下父母，根本不知道他们多有钱'。"

姑娘咯咯笑，说："别胡说。"

我说："找父母借钱，找银行借钱，都是加杠杆，但还有一个更大的杠杆和资源，是你更需要解决的，那就是你的对象在哪里。你赶紧把工作节奏调整一下，要时刻提醒自己，什么是主要矛盾，什么是次要矛盾，再分析矛盾的主要方面和次要方面。有些事情看似很急，把你催得很紧，仿佛不干就不行，公司没你就要倒闭了，其实不然。

"你看我也是做业务的，我身边的朋友也多是做业务的。我几乎每天都能回家吃饭，业务仍然做得非常好，连续十几年遥遥领先。但是，有些人每天在外面吃吃喝喝，号称要应酬，然后醉醺醺地回家，吐得满身都是，身体也喝废了。我不需要这样应酬，因为我对自己的产品、服务和商业模式非常自信。你对自己提供的东西不自信，才要吃喝玩乐一条龙。"

姑娘说："我平时太忙了，社交圈太小，财务部里大多是女人，没有男人，这怎么办？我能去你的知识星球找一下吗？"

我说："你可要谨慎，我的星球现在很贵，入会费马上要破千了。大家都是来搞联结、开眼界和赚钱的，我看他们大多是已婚男人。等你哪天有项目了，觉得进来能赚钱，或者想来联结、投资啥的，再进来，顺便看看男人。"

姑娘咯咯笑，说："好，给你钱都不要。那你为啥不把价格调低一些？"

我说："这个会员费只能一直涨，不能回调。因为它的性质和奢侈品一样，主要靠品牌溢价和信仰。第一批用户是对我最好的，我所有的好东西，比如将来出书、星球密语、投资机会、岗位联结等，都会优先考虑他们。

"所以坚决不能降价。一旦降价，就伤害了基本盘的利益。你看香奈儿的包包那么贵，还每年都涨价，坚决不降。因为你再怎么降，哪怕你打五折，不认可香奈儿的人仍然不会买，但是原来的买家心态就崩了。这就是商业社会，也是经济学的一部分。"

姑娘问："你非说留在大城市好，小地方也有小地方的好吧？"

我说："除非他们对财富没有欲望，有份工作就满意了，否则，他们一定会后悔的。你脚下的土地，才是你能量和财富的源泉。年轻人去大城市，哪怕送几年快递、当几年保姆，回县城也能买套房子。两个人咬牙拼命干，在郊区买房留下来也是有可能的。然后，下一代的命运就改变了。比如，农民在大城市卖水果、炸油条，买房留在大城市，这样的案例比比皆是。

"你知道每年你生活的城市修了多少公路、地铁、桥梁，盖了多少学校、商场、医院、音乐厅、图书馆？这些看似与你无关，最后都会影响你的财富，因为投钱的机构最后肯定是要把钱赚回去的。如果你在农村，又很少有人来投钱，那你赚什么钱？"

# 人生的顺序，一旦搞错就尴尬了

## 一

和两位老板吃晚饭，吃到一半，两人因为一个话题产生了分歧，还严肃地探讨起来。

做业务的老板说："我觉得人是可塑的、潜力无限的，只要自我驱动，拼命挖掘，就能有无限的可能。"

做财务的老板说："我觉得不是。每个人都有自己的瓶颈，都有自己的天赋，我是偏宿命论的，不行的人是培养不出来的。"

我在旁边，看着两位老板，说："你们吃饭聊的话题，都让我产生精神分裂的感觉了，这个画面太像我家平时的生活场景了。我在家吃饭的时候，也是我在鼓吹精进、奋斗、无限可能，达婶在旁边讲宿命论，'命里有时终须有，命里无时莫强求'。"

他们哈哈大笑说："我俩聊天，还给你聊出幻觉来了。"

## 二

有一天，一位医疗创业公司的老板来找我聊天。他是做动物医

让自己的人生永远有选择

疗诊断的，主要做畜牧业的分子诊断。

我刚开始负责的板块，除了民营医院，最大的一块就是宠物医疗。我进入这个领域的时候，就像孙悟空进了水帘洞，发现里面别有洞天。

非洲猪瘟把整个养殖业搞得天翻地覆。以前家家户户都可以养猪，现在养猪已经彻底变成资本密集型产业。

我问："动物医疗诊断板块目前的市场规模有多大？"

老板说："十几个亿的市场规模，前几年只有三四个亿，这两年增长迅猛，玩家也从十来个变成了近百个。"

我一听，心凉了半截，说："我们有个产品，只有五六个玩家，在中国市场规模也是二十个亿左右，两者竞争程度完全不是一个级别的。你们这个领域，对产品质量要求高吗？"

老板很严肃地说："要求很高，就像你说过的，家财万贯，带毛的不算①，带毛的一死死一片，都是实打实的财产，谁都承担不起。养猪这个圈子太小了，一旦产品不行，出现阳性率太高等质量问题，很快就能传遍好几个省。"

老板还带来了几个经销商，其中一个经销商在旁边点头说："我们老板是研发型人才，对产品要求很高，没给我们掉过链子。"

我问这个经销商："你是八几年的？"

这个经销商说："我是1994年出生的，长得是不是显老？"

---

① 家财万贯，带毛的不算："带毛的"指家畜家禽，这句话表面的意思是说，家畜家禽一般不算作财产，实指养殖业风险很大。

014

我手里的苏打水差点就洒了,后生可畏,太厉害了。

我问:"你们公司成立多久了?"

这个经销商说:"我们去年刚成立,今年能做个两三千万的生意,刚起步。"

我感慨道:"现在的年轻人越来越猛了,那种拼杀的感觉,那种士气。我看这代医疗人一定能带领中国的医疗企业跟全世界的公司竞争。"

老板说:"是的,我毕业的时候,加入了 SX 那家公司,我老婆是那家公司的老员工,工号二十几号。当年公司刚成立,喊出的口号是营收百亿,市值千亿。我们在下面看着老板,觉得他不可能实现目标。结果,一场疫情来了,公司营收近五十个亿,产品卖到了全球,距离百亿已经不远了。"

## 三

为了应对汹涌澎湃的新兴市场,公司招的这批人都是其他公司里很厉害的人。除了业绩,公司更想看到他们给公司摸索出新的打法、新的业务模式。公司希望他们是先锋队。

而作为先锋队,除了要努力,更重要的是要有对业务进行总结和提炼的能力,对业务发展要有预见性,要能站在 2021 年,一眼就看到 2035 年。

我们公司的中国区刚成立时,年营收不到两千万元人民币,创始人带着六个人,就能喊出"多年之后,要做到十个亿"的口号。

更厉害的是，每一年，目标都在按照他的预想实现，虽有磕磕绊绊，但总的来说相差无几。现在我们年营收有十五个亿左右。

但是，招来的人当中，有的人很快就能进入状态，有的人则完全是在浪费自己的天赋，也在浪费这次的机会。

一名业务员花了多少精力去跑，花了多少精力去思考，花了多少精力去总结，两三个月，你就能看出来。

在太多领域里，我看到过落后的反超，领先的被吊打。

同样是做汇报，有的人根本就没弄清楚汇报的意义是什么，频率是多久一次，对象是哪些人，想要达到的目的是什么。

你严肃认真地告诉他，他完全听不进你讲的内容，他只在意你的态度。

聆听能力强的人，不会太在意说话者的态度，只在意内容到底对自己有没有用，有用就听。

那些止步不前、故步自封的人步入中年之后，他们的财富会缩水，地位会下降。无论他们现在是中产也好，是有钱人也罢，他们最后都是要被年轻人吊打的。因为他们不分析市场，不分析人，不会举一反三，不懂得见贤思齐。更糟糕的是，他们没有能力联结强者，甚至发现不了强者。即使碰到强者了，强者也会离开他们，因为强者不愿意跟弱者玩。

你做的每一件小事，大家都看在眼里，只是不说而已，因为没到做选择的时候。等到可以做选择了，大家会离开你的。

## 四

我和一位创业老板在讨论诊断行业的发展。这几年资本涌入，我们对资本的看法不同。

创业老板是一个研发型人才，显然对资本时刻保持着警惕，他说："我们现在资金流比较充沛，暂时没有引入资本的计划。我也看到了很多公司，在资本的裹挟下，被迫做了很多不该做的事，节奏有点乱了。"

我问："那你有具体的融资计划吗？"

创业老板说："大概再过两年，等我们做得再大一些。"

我开始挠头了，接着说："上次在重庆，我见到你太太了，她说因为过于关注品质，导致她去年一个过亿的单子都没有拿到，是真的吗？"

创业老板说："是的。"

我说："那你们可能要关注一下公司的整体节奏，如果你两年后要融资，现在就要开始接触各种投资人。这种大资金的项目，双方都是很谨慎的，双向选择，不是你想融就能融得到的，要相互观察很久。而且这些投资机构每年投资额度不同，这些投资经理手里的项目能不能过，也要看运气。"

我们今天看到的很多事，背后都有人在努力。有人默默准备了好多年，遇到一个合适的契机，就突然成功了。比如，有些公司在胸痛中心项目上成功，有些公司在海外市场成功，有些公司在危机中突然崛起。只有愚昧的人，才会认为这是偶然事件。没有几年的准备，是接不住那么大一笔钱的，更接不住历史性的机遇。哪怕是炒股、买房，看着像是不劳而获，其实呢？那些不研究清楚、不掌握本质、不坚信未来涨跌的人，是拿不住的。跌多了，你拿不住；涨多了，你更拿不住。

我想到，很多年轻人都是二三十岁往大城市跑，拼命奋斗，积累财富，而有些人则是在二三十岁的时候去过窘迫文艺的生活。

我问过经常去旅游的一个人："和你一起去的那些人，都是多大的？"

他说："有一些四五十岁了，很多都是有钱人，或者是通过投资赚了钱。"

我说："那你的人生顺序就搞错了，别人都是赚了钱的，手里有了资产，他们不管做什么，资产每年都有收益。有个段子说，他们是放牛的，而你是砍柴的，你和他们坐在那边聊天，他们的牛吃饱了，你的柴呢？职场、婚姻、投资，人生中的这些事，顺序是很重要的，哪怕是讲故事，也是这样的——一个娱乐场所的女服务员在工作空余时间看书学习，最后考上了大学，这个故事很励志；一名女大学生毕业后去做娱乐场所服务员，那就是另外一个故事了。"

# 你给自己立了什么规矩

## 一

一个猎头在我的知识星球里说："我正在把达叔的文章从前往后看，发现达叔进化的速度太快了。"

这就是牛人。一般人看文章，只看热闹，而他在拆解结构，在研究进化。小到个人、公司，大到民族、国家，都是一步步演化过来的。

大家读钱穆的《中国历代政治得失》，就会发现，一个制度被发明的时候，都是为了解决某个具体的问题。原先的问题解决了，必然会产生新的问题，这时，制度本身就会变成一个桎梏，成为更严重的问题。所以，制度就需要不断改革，不断调整，如果调整不及时，旧王朝就会灭亡，新王朝建立后，一切推倒重来，这就是革命，就是王朝更迭。

有一次，我和一位大老板探讨职场，大老板语重心长地看着我说："你年纪轻轻就坐到这么高的位子，如果不能继续进步，在这个位子上多待几年，也会惹人厌的。"

人生如逆水行舟，不进则退。

所以，我每天脑海中琢磨的事，就是能不能再更好一点，能不能再玩出点花样。一旦想出一点什么，我就会反复琢磨，然后进行试验，错了就改回来，方向大致正确的话，就坚定地执行，不停地迭代。

所以，如果你有兴趣研究一个作者是如何进化的，可以把他的书和文章从头翻出来，看架构、看用词、看话题，看看他是如何迭代的。

## 二

在写微信公众号的早期，我也是东一榔头西一棒槌地瞎写，更新频率也不稳定。

突然，有一天晚上，我睡不着，夜里三点爬起来，给自己立了两条规矩：

1. 每天至少写一篇原创文章；
2. 每个月至少见一个网红或大V，去看看他们的世界。

无论平时多忙，这大半年下来，我基本上算是坚持做到了。但也正因为这样的坚持，把同行逼得焦虑了，比如做医疗自媒体的星哥和品牌张，这两位都是前辈，都被我逼得开始提高原创文章的更新频率。

有一天，工作忙完，下午五点，我去新天地某酒店见自媒体和投资界的网红 AlphaGirl。这位姑娘很年轻，比我小好几岁。

AlphaGirl 说："你怎么那么能写？现在我每次累了不想写，就看到你又更新了，就得拼了命爬起来写。"

我说："除了你，我身边很多医疗行业的小伙伴遇到我，都会被我打一身的鸡血，都会变得斗志昂扬。

"为什么会这样？因为我能看到，目前是百年一遇的大时代，是几代人都遇不上的黄金岁月。我丝毫不羡慕父辈那一代人，在他们的时代，发财的都是幸存者。而我们这个时代，遍地是黄金，赚钱的机会太多了。

"当你想清楚了这一点，你在赚钱的节奏上就有了紧迫性，就会给自己立下一些规矩，逼自己把打游戏的时间用来积累、进步、联结。"

如果有一个人，能够以身作则，每天带着你往前挪一步，你得珍惜他。

## 三

我和 AlphaGirl 聊了很多，她也解答了我的很多困惑。

比如，我问："在不同的平台上，你用不同的名称，是为什么？因为从逻辑上讲，打造一个品牌、一个 IP，更有商业价值。"

AlphaGirl 解释了四点：

1.我要研究各个平台的调性,展现出自己不同的侧面,输出不同的内容;

2.在某些平台上,我和合作伙伴有清晰的定位和分工,服务客户不同层次的需求;

3.我要尝试一下,在前期没有流量加持的情况下,是否可以再做一个作品出来,事实证明我可以;

4.因为自媒体是我玩的工具,我并不主要靠这个赚钱,所以我的姿态和玩法就自由很多,不会因为业绩压力而变形。

我看着对面的姑娘,心想:有才华就是任性。

AlphaGirl 讲了一下她的故事。她有绝佳的语言天赋,从小看古文就跟看白话文一样,还能充当老师的角色。上学时,她给同学讲课文,能把古文讲出画面感。

我说:"你真是天赋异禀。我小时候最多也就是把前一晚看的电视剧从头到尾讲一遍。"

AlphaGirl 说:"方式不同,逻辑是一样的,都是呈现画面。你我二人,在文字水平上都是可以的。"

我刚想摆手,谦虚一下,AlphaGirl 就说:"老实点,不要谦虚,你觉得你能每天写,主要的原因是什么?"

我说:"这个问题,以前也有人问过,我自己也思考过,我觉得可能有几点。第一,我们有一定的洞察力。同样是一棵树、一根电线杆、一个月亮、一件事，在我们的眼里就是不一样的。我们能看到一些别人看不到的东西，这是天赋。第二，我们有强烈的表达欲。有人有所感悟，就默默地放在心里，而我们都想表达出来。第三，我们有一定的文字表达能力，很多人讲话可以滔滔不绝，一旦落笔，就废了。"

AlphaGirl 说："你说的有一定道理。从我的角度来看，就是三个字——平常心。为什么很多人写不出来？因为他们每次写东西，都觉得要端着，要高大上，要对得起自己的气质和格局。这是包袱，会把人压垮的。如果我们看到了，理解了，就好好地陈述出来，把一件事情讲清楚，没有多少神圣感，也不硬扯什么道理，那就会轻松很多。"

AlphaGirl 在直播间讲过自己的择偶观，她希望要娶她的男人能够说出"有且只有我能给你幸福"。这次她还加了一个要求，就是要是出现在她面前的人。

我说："如果我一年前听到这句话，是没有太大感受的，但是自从我开始做自媒体，很多医疗人从全国各地来上海见我，每次我想到，对方很忙，付出了很多来见我，但凡有时间，我都会去见见。但是，真的有人理解吗？"

我在一篇文章里说，如果谁有合适的项目，我会用我的自媒体的流量帮他宣传，还要给他一万元，无论他需不需要这一万元。一年以后，他的项目通过我的引流盈利的部分，和我三七分成，我三他七。我每个月选出一个项目来投资，不定期在文章中推广，剩下的主要靠对方自己。

有人说:"你给一万块钱,飞到上海见你,来回一趟,少了三分之一,没什么意思。"

这才是世间众生相。

在网上,你动动手指头,是赚不到钱的。做任何事,想取得一些成就,都要先问自己一句:"我付出了什么?我配吗?"

## 他俩是如何赚到第一桶金的

### 一

有一天，我和两个朋友在上海浦东的碧云社区那边吃牛排，聊聊最近都在忙什么。

两个朋友一个是硕士，以下就简称为硕士；另一个，我们平时都叫他阿脏。

硕士是复旦的，本来的志向是做科学家，后来因导师的问题没去成美国，就下海了。在外资公司里混着，现在做到总监，年收入看着高，扣完税，在上海日子过得也是紧巴巴的。

我问硕士："最近在忙啥呢？"

硕士说："忙着催货。"

一次疫情就把全球产业链的脆弱彻底暴露了。

硕士卖的是欧洲的医疗设备，在疫情防控期间还算是比较紧俏的。但是全球的超级大公司最近这些年都在推行一种叫精益管理的策略。

丰田零库存管理的故事，各位应该都听说过。对于制造业来说，库存是极其占用现金流的，很多工厂都是被库存拖死的，所以强势的品牌可以利用自身的强势地位，把库存压力转嫁给上下游供应商，在零库存的情况下保持良好运转，使自身现金流充沛，甚至可以做更多的投资。

但是，别忘了，上下游供应商也是一个个独立的公司，也有其自身的利益，也有自己的上下游供应商。大家都这么操作，结果就玩砸了。

我取笑硕士："那你这几个月算是白忙活啊。"

硕士说："我老婆所在的公司上市了，她名下的股票市值大约一千万元。"

我和阿脏喝了口苏打水，胸闷了。

这算是硕士的第一桶金，是他夫人赚来的。

## 二

硕士和他的夫人，原来是同一家公司的技术人员。

硕士耐不住寂寞，跑出来了，每个月的工资是他夫人的两三倍。但是，他夫人这一千万元，一举超过了硕士忙活这么多年赚的钱。

我和阿脏充满怜悯地看着硕士，担心他以后的家庭地位更加不保了。

我看着阿脏，问："你呢？"

阿脏是在上海倒腾学区房及其衍生品生意的。

捞偏门的赚钱吗？能赚。能做大吗？很难。

阿脏的第一桶金是靠什么呢？靠上海的房地产。后来又投资了长三角其他城市的房产。做房地产及其衍生品生意的人，对这方面的认识更深刻，不会受各种看空舆论的影响，他们的信念是——京沪永远涨。

## 三

说到教育投资，非常巧，我们三个生的都是女儿，但是我们对女儿的未来规划却相差甚远。

阿脏认为，把钱准备好，其中一笔留给女儿好好整容变漂亮，这比啥都重要，读书好点坏点无所谓。

而硕士夫妻俩都是名校毕业，也有名校情结，还是很愿意投入到学业竞赛中的，一副磨刀霍霍的样子。

我就想着，学习这件事，除了靠努力，还要靠天赋。如果实在是没天赋，那父母还不如把资金转移到不动产或其他金融投资上，通过十几年的长期投资慢慢变富，等孩子长大了，即使她是个普通人，也能比较体面地过一生。

> 让自己的人生永远有选择

# 为什么很多公司搞培训没有用

有一天,我和达婶出去吃饭,达婶挑了一个地方,开车要四十分钟左右,来回就得一个多小时。

如果放在以前,我肯定是要生气的,因为对我来说,吃饭完全就是浪费时间,如果不是为了补充能量,我对所有吃的喝的都不感兴趣。我选择餐厅,只有一个原则,就是速度要快。

但是,你和人家过日子就不能太任性了,这跟工作一样,要迁就对方,否则就没法往下走。

那对方可不可以迁就我?

我以前也有过这样的念头,凭啥非得我迁就对方?年轻的时候,也有过争强好胜、一较高下的念头。虽然战绩九负一平,但那股劲儿还是有的,我觉得,屡败屡战,还挺光荣。

再后来,瞄过一眼《蔡康永的说话之道》,这本书也不是我买的,就是在别人家里随便翻到的。

书里有一个章节,具体如何写的,我也忘记了,大概的意思是,说话之道的本质,就是把对方放在心上,这是道,不是术,其他所有的技巧,都不能偏离这个道。

当然,也有技巧,技巧就是把无所谓的胜利全部让给对方,让对方赢。

什么是无所谓的胜利?我有一个判断标准,那就是这事耽误我赚钱吗?如果不耽误,那就是无所谓的,就好像这回出去吃饭,没啥大事,那就可以跟着花费一两个小时,哪怕是图口吃的。

我经常上台分享各种话题,有个同事问我:"达叔,你紧张不?"

我问:"讲不好,扣钱吗?"

同事蒙了,说:"不扣钱。"

我乐呵呵地说:"那紧张什么呢?"

这就是我的标准和逻辑。

## 一

教育不仅能够培养人才,还能够筛选人才。

如果放在其他国家,这个观点可能很难讲清楚,但是放在中国就太好理解了。

老三届这拨人,文化水平高吗?在当时的人里面,他们肯定属于文化水平高的,但如果让他们参加现在的高考,估计都很吃力。但在那个年代,他们却可以上一流大学,为啥?因为国家正值用人之际,没的选,能考上大学的就已经算是很好的了。

现在的学生从学前班就开始备战,打得再惨烈,清华、北大的招生名额也不会因此而增加一个,还是招那么多,还是招靠前的那几个。

用人单位也把学历看得很重要。一个岗位放出来，哗啦啦来一堆简历。

人事和我看学历看得眼花缭乱。每个人都把自己写得很厉害，你说咋选？这时候，学历和学校就变成一个筛选器，至少是一个很重要的标准。

你没有好的学历，就变得被动了。

有一次，我和老板聊到学历是不是真的重要，聊了半天，得出的结论是：真的重要。

我们可以把小学、初中、高中看作是一场规则很透明的大型智力游戏。

这个游戏给你玩，总共十二年，就看你能不能通关。你可以砸钱买装备，可以找高手做陪练，可以找人组队，可以拼命熬通宵，日夜操练，怎样都可以。

在高考之前，所有办法都可以用，目的只有一个，干掉一批对手，进入排位赛靠前的位置，从而顺利晋级。

你看，从游戏的视角来看，各种技巧、窍门，你花十二年都研究不明白，你是不是多少有点问题？

毕业之后进入社会，哪个老板会让你花十二年去研究一个项目？

无论多难的工作，都是要短平快出结果的。无论你遇到什么问题，都要分析：要达到的目的是什么？可以使用的手段有哪些？每个手段背后的成本是多少？怎么优化？哪个是最好的？领导认可不认可？该如何取得大多数人的共识？

这些都是思考问题的框架。

每年成千上万的年轻人，谁好，谁差？

如果把这个选人才的问题交给你，你说你能咋办？

你只能一拍大腿，来，咱们来玩个"游戏"，十二年的那种。

## 二

很多公司都有自己的培训师，有的甚至还从外面请了培训师，给自家员工进行培训。

真的有效果吗？

某段时间，我们公司请来了一位中国香港的资深讲师，给全国的省区经理培训渠道管理和价值销售。

当时，请这位讲师讲课之前，要先沟通一下培训目的，老板不在，就让我去和讲师沟通。

沟通完之后，我就打电话问老板："你觉得咱们这个培训的目的，能达到吗？"

老板在电话那头想了一下，说："来了三十个人，有两三个人能听懂，能学到，咱们就赚了，这十几万就没白花。"

我听完直乐，这就是不端着的老板，想得特别明白。

我说过，一个业务经理，在你把他招进来的那一天，基本上就决定了这个区域的业绩如何。

我做业务这么多年，几乎从未见过哪个业绩不好的人通过培训就变得能打。

能打的人，很可能是人家本来就能打。被你招到之后，你多给他点空间，他把潜能发挥出来了，如此而已。

我当年做销售的时候，有个老板说："我招销售，扔给他一个地盘，就看前半年，能上就上来了，半年做不起来，就别指望了，准备换人吧。"

如果有培训师告诉你，某人是经过他的培训才成长起来的，我可以负责任地说：这个培训师要么是揣着明白装糊涂，要么就是太没自知之明。"

你不能说"诗仙"李白是他爹教的吧？牛顿、爱因斯坦等大科学家在那个年代研究出来的理论，我到现在都不会。

闻道有先后。我们只负责讲，别人能理解多少、吸收多少，全看造化。

有些年轻人，在你的基础上更上一层楼，甚至颠覆你的理论，取得更大的成就，那都是有可能的，也是可喜的。

作为成年人，我们都应该谦卑一点。后生可畏，前辈不能太膨胀。

这个观点，我为啥要单独拿出来说？

因为有个别培训师说，他培养出了某某某……

我不认可这样的说法。

年轻人批评你咋办？

经常有读者跟我探讨这个观点、那个观点的，我基本上都是这样回复："你是对的。"

不辩论，不讨论。

为啥？因为跟读者讨论这些，我又赚不到什么，有什么劲儿呢？

你看很多行业，都只招本行人，不招外行人。

因为没人有那个心力，从头手把手教你，这太折磨人了。

太多事，只可意会。

## 三

大多数人讲话都抓不住本质，讲得很专业，却全跑偏了。

你给别人培训，别总讲那些专业的，要讲有用的。

你讲给销售听，销售讲给经销商听，经销商讲给客户听。

结果费了半天劲儿，效果很差。

谁的责任？培训师或管理者的责任，逻辑没理顺，重点没抓住。

比如，给经销商做培训，我反复强调，我们是某某领域的发明者、金标准、市场占有率第一。

这三点，每一点都很牛，最后一点——市场占有率第一是最牛的。

你发明了一样东西，很厉害，但是你传播不出去，没人搭理你，也没人为你付费，你穷得很，还有什么可骄傲的？

你成了金标准，也很厉害，大家都认你，但是你在生产环节，成本降不下来，贵得很，没人买得起。只有在其他方法拿捏不准的时候，人家才会想起你，来检测一下，这有什么意思？你是金标准，却活活把自己搞成了备胎，真是耻辱。

但是，市场占有率第一，就可以好好说了，要给客户猛拍桌子，提醒他好好想想，我们怎么就是第一了？

肯定是各方面的活儿都很好，即使有点短板，那也是瑕不掩瑜，不重要。

被市场检验过的，才是最靠谱的，你值得拥有。

有人问："那我不是市场占有率第一，咋办？"

你能不能在局部搞个第一？比如上海第一？徐汇区第一？

那些书本上告诉你的以少胜多的传奇，都是小概率事件。几乎所有的战争，都是以多打少，以强打弱。

整体局面不利的情况下，也要在局部集中兵力，获取优势，争取实现单点突破。

# 穷到没有负债，那才是真的穷

上周出门工作回来，达妽问我："你明天晚上有安排吗？"

我说："没有，怎么了？"

达妽说："小黑结婚了，来上海度蜜月，明天晚上我们请他们小夫妻俩吃个饭吧。"

我背着包，站在门口傻笑，问："谁结婚了？小黑结婚了？"

达妽说："是啊，人家也快三十了，不能结婚吗？"

我很伤感地说："你这个脑瓜子，对过去的生活都没有什么画面感。十六年前，我去福建，他应该只有十岁左右，很小的个子，整天抱着篮球，到处浪。他都结婚了，时间过得太快了。"

一

我们观察一处农村或小镇的经济结构，可以看看，这个地方，除了考上大学去大城市的年轻人，剩下的年轻人都在干什么。

一般来说，要么出去打工，要么拼命想办法挤进当地的体制内，找个稳定的工作。剩下的，就是开个餐饮店、服装店、手机维修店什么的。

小黑干的就是修手机。

达姊每年都会摔碎好几个手机屏，经常找他帮忙修。

三年前，我去福建过年，遇到小黑了，问："你最近咋样？"

小黑说："我不修手机了，开始做中介，卖房子了。"

我问："在县城里，还是哪儿？"

小黑说："在泉州市区。"

我拿出手机，打开某房产软件，让他指给我看了一下，的确是在市区。

我问："你干多久了？"

小黑说："两个月。"

我问："开单了吗？"

小黑说："还没有，还要培训，熟悉板块情况。"

我很严肃地说："如果可以的话，你一定要坚持住，泉州的房价是被严重低估了的。你不干手机维修，去干房产中介，是对的。

"我们合作，你负责熟悉环境，寻找优质房产，我负责出钱。无论是长持还是短期操作，泉州不大，你把这里研究透，我们每年搞一个标的，赚的远比你干其他工作多。"

小黑点点头说："好。"

假期结束，达姊和我回上海了。

## 二

过了几个月，我问达姊："小黑最近咋样了？"

达婶说:"从房产中介那边离职了,又回去修手机了。"

我很震惊,问:"为什么?"

达婶说:"性格不合适,比较腼腆,不适合做销售,觉得压力太大,那边老板一叫就回去了。"

在所有的晚辈里,这个小家伙是我认为最心善的,是一个值得好好调教,帮他一起赚钱的人,所有操作路径都和他说了,但是到执行层面就废了。

所以,在我的知识星球里,有读者问:"你把所有的思考方式、赚钱模式分享出来,甚至手把手地教,不怕竞争吗?"

我说:"不怕。因为大多数人,即使全程看着我一步步崛起,一步步赚很多的钱,他也不会动手的。这就是人性,我只是多了一个围观者,不会多一个竞争对手。"

晚上吃饭,小黑带着老婆赶到了。

吃着饭,看着上海夜景,达婶问:"你们这次婚宴,办了多少桌?"

小黑说:"请了六十桌,但只来了五十桌。"

达婶问:"一桌多少钱?"

小黑说:"一千八百块。"

达婶很震惊:"这么贵?"

小黑说:"不贵,有龙虾,有鲍鱼,都是好的。"

我转过头问:"是在达婶家的酒店办的?"

小黑点点头说:"是,舅舅很帮忙,做得很周到。"

我哈哈大笑，对着达婶说："我早就说过，你们家那个店是黑店，这下实锤了，太坑了。"

达婶咯咯笑，举手来打我。我继续问："这些钱，是你妈出的？"

小黑说："是的。"

达婶问："你们在泉州买房子了吗？"

小黑的老婆说："还没有，要过几年赚了钱再买。"

达婶默默地看着他俩，不再说话了，再后来，就问了一些家长里短的。

回家的路上，达婶说："我们那边的风俗太可怕了，砸锅卖铁办酒席，还死要面子活受罪，根本不收红包，花的全是真金白银。办酒席的钱正好一套房子的首付，还不如先给孩子在泉州买套房子，一二手倒挂这么严重，摇到一个，就够他们赚十年的。"

我说："不是每个人都能摆脱这些习俗的。每一个去城市打拼的年轻人，骨子里都是有反叛精神的，而每一个留下的，很可能是接受了那一套规则。小地方的人看不到一个趋势，那就是，资产回报率将会高于劳动回报率。"

达婶问："为什么看不到？"

我说："因为他们手里没有优质资产，别人嘴里的涨跌，与他无关，因为不在他手里，他没有切身体会，感受不到，也不相信一年可以赚上百万。就如同三年前，我告诉小黑，泉州房价会迎来一轮补涨，到今年，已经翻了一倍不止。他当年如果听我的，至少一百万赚到了。这钱他得修多少年手机？如果认知达不到，别人拎着钱袋子站在他背后,告诉他坚持一下,就能赚一百万,他也不会相信,扭头就走。"

达姊说:"也可能是他们不喜欢负债呢?很多人想着买房,最好是要全款的样子。"

我说:"别说一般青年,就是我的一些同事,某些省会城市的,做医疗一年赚几十万,早年买房子也都是全款买的。认识我之后才感慨,要是早认识我几年,身家可以翻三倍。但是,真的早认识,我说了,他们就会听吗?不一定。

"因为人们只相信有成果的人。有成果的人,他吹的所有牛,都是高瞻远瞩;如果他没成果,他的长相,加上他的言论,就是网络上的笑柄。因为我通过医疗职场赚到钱了,通过增加资产负债赚到钱了,通过从事自媒体赚到钱了,这些成果增加了我的可信度。没有这些东西的加持,同样的文章仍然会被人当作骗子,没人信的。那些搞微商的,为啥要摆拍跑车?因为有效果,人们吃这一套。哪些人最容易被收割?着急变富的。啥也不想听,啥也不想学,但凡你的文章长一点,道理复杂一点,对方就烦了,说你不要废话,你就告诉我怎么赚钱。甚至还有一些读者,加了我的微信,也不自我介绍,上来就问我怎么慢慢变富。"

三

帮我出书的策划人,姓刘,最近在编辑文稿、筛选文章。

他的年纪应该和我差不多,每过一两天就会发来一段感慨,说:

"我如果在二十岁的时候看到你的文章,我的财富状况应该能比现在好一个等级。"

我说:"纸媒、出版业也不容易,你为啥要选择这个行业创业?"

他说:"这个趋势,我也看到了,所以我们做书的套路有一点差异化,就是出版和教育结合,和培训深度绑定。比如,医学考研、职业证书、医生 IP 等,如果能做出一个小众的 IP,一套书一年也可以做到百万级的利润。

"而你的书,在我目前做过的众多的书里,具有承上启下的作用。很多书,要么写得很浅,教人努力啊,奋斗啊,却没有教人具体如何做战略,抓本质;要么写得很宏大,个人完全用不上。你刚好卡在中间,既有理论,又有案例,还写得有趣,读起来不费劲,有故事性。

"但是你的书也有一个问题,没有一定的年龄和阅历,估计看不懂;看懂了的,又是过了年纪的,有点晚了。如果年轻人能看出价值,跟着你的思路去想、去做,不说取得很大的成功,起码不会虚度人生。"

我说:"这和我目前的读者群是相似的,有一些读者是家庭组团来的,还有一对父子一起加入我的知识星球,这是很神奇的。我希望这些文章能够陪伴很多家庭一起走向幸福,没有戾气地慢慢变富。"

等我的书出版了,又一个原本不可能完成的目标实现了,希望各位也能心想事成,敢于"吹牛"。

# 复利思维在现实中的应用案例

某天下午，上海下了一场阵雨。

我在星巴克和潜在合作者喝完咖啡，正准备撤，外面哗哗下起了大雨。

我准备去买伞，在商场里遇到了站在海底捞门口的两个小姑娘，她们热情得很。

我想起海底捞的优质服务，张嘴就问："你们有伞吗？借我一把。"

左边的小姑娘直摆手说："对不起先生，没有伞。"

右边的小姑娘反应特别快，说："但是我们有一次性雨衣，可以吗？本质上都可以挡雨。"

我很震惊，忍不住夸她能随时思考什么是本质，很厉害，将来前途无量。如果不是着急赶路，就差给她写表扬信了。

这个写表扬信的方式，是我刚毕业的时候跟一个副总学的。

他无论去哪里，餐厅、酒店、KTV、咖啡厅，甚至是在合作者的公司，一遇到特别靠谱的年轻人，他都会要来纸和笔，闷着头，严肃认真地写一封表扬信，这个年轻人哪个细节做得好，有案例，有感想。写完之后，交给对方的上级。

我问："你这么郑重其事，会不会太煽情了？"

副总说："一个优秀的年轻人踏入社会，总会因为自己的优秀，和身边人显得格格不入。木秀于林，风必摧之；行高于人，众必非之。他如果长期被打压，内心必是苦闷的，如果有人，尤其是地位高一点的人认可他，给他一点鼓励，哪怕只是一封表扬信，可能就会让他坚定走自己的道路。"

我问："你说的这个年轻人，是你自己吗？"

副总点点头，笑着说："是的，这都被你发现了。"

这个副总是我十多年前遇到的，他的故事直到现在还影响着我。

比如，达妹说她遇到的最大的"奸臣"就是我，每天冲她花言巧语，满嘴跑火车。

我说："大忠似奸，大奸似忠。人心深不见底，如果我真的是演的，能演个五十年，那你也赚到了。"

在职场上，我也是一个心直口快的家伙，看到优秀的人就忍不住去赞美对方。

在知识星球里也是如此。

在每月一次的微天使投资里，也是如此。如果我认可你，我不仅要和你交朋友，还要给你钱，和你深度绑定。

如果哪一天，我主动联系你，肯定是因为你做了一些厉害的事情打动了我。

到目前为止，在整个中文互联网里，应该还没有一个自媒体作者会一年花十二万元来和读者交朋友。

现在看可能很多人不理解，再过几年，你应该就会惊叹了。

我相信时间的力量，我相信复利的力量，我不仅会做，还会一步步展示出来。

持续干医疗，持续买优质城市的房产，持续写文章、见网红、搞联结，持续搞微天使投资。

打明牌还能赢，这是很厉害的。

我的发展战略是公开的，别人可以模仿我，但很难超越我，就是因为我有长期的积累，形成了比较优势。

# 第二章

## 选对赛道,人生才能有未来

## 年轻人的赛道选择

有一天,一对夫妻从河南赶来,丈夫是学中医的(下面就暂称为中医),给我分享了一些有意思的故事。

我问:"你大老远地来上海找我干啥?"

中医说:"我看到你在知识星球里搞微天使投资,我们的很多想法非常一致,因此想来认识一下,正好路过上海,就赶紧约一下。"

我问:"你也从事医疗行业?"

中医说:"我本身就是学中医的,家里的叔伯们也都从事医疗行业。我在医疗行业赚了第一桶金,最后因为贪大,又给亏了。"

我说:"你给我讲一下。"

中医说:"我 2017 年毕业,那几年,我的第一个项目就是给郑州的诊所搞小程序。那时候,微信小程序刚刚上线,特别受欢迎,拿一张 A4 纸,上面打印一个图,就能收到钱,很多医生特别满意,觉得自己的诊所实现'互联网+'了。"

我问:"你收费多少?"

中医说:"九百多块钱,很多医生还会主动给我介绍客源,说'某某也开诊所,是我朋友,你去联系一下,我和他说过了'。"

我说:"医疗行业的从业者,有文化、付费意愿好,当信息化在其他行业横冲直撞、近乎碾压的时候,整个医疗行业的信息化程度是很滞后的。我们公司有一套很好的医疗管理软件,推了好多年,近几年终于开始大有起色了。我经常嘲笑说,幸好这软件是在医疗行业使用,要是在其他行业,估计早就被仿制品搞完了。"

中医说:"是的,但是我后来心里就起了贪念,开始搞扩张,把这套小程序的打法往商超、菜市场以及其他门店推行,搞到后来,亏钱了。"

我问:"没有人给你投资吗?"

中医说:"有,很多叔叔、阿姨都很有钱,看到我们年轻人有朝气、有拼劲,就给我投资,还有一个开加油站的老板给我投了近两百万。但是,最后还是搞不起来,我总结了一下原因,除了盲目扩张,还有就是创业团队的人,有些人对未来的想法和预期不一样,我们那个地方的人和沿海的不一样,做着做着就想把公司做成自己家的。"

我说:"所以,由于观念的原因,内陆省份很久没有出现过好的公司了,尤其是新兴产业的公司。你现在做什么业务?"

中医说:"我在生鲜赛道做布局,搞家庭预制菜,还弄了无人生鲜柜,做这块的创业和投资。"说完,调出手机里的一个小程序给我看。

我说:"预制菜的火爆,我听说过,上次去重庆出差,有个搞直播的网红公司的老板给我分享过。他们公司带过很多货,其中本地预制菜就特别受欢迎,他的感慨就是现代人越来越懒了,希望打开就能吃,吃完就扔,这样的最好。你们预制菜的标准化、规模化是怎么操作的?"

中医的老婆在旁边乐呵呵地说:"我们的1.0版本,是在郑州搞的,弄了一个超级大的中央厨房,然后进行快递配送,还设置了站长之类的。每天的流水可以做得很大,但是,一算账,发现不赚钱,就是达叔你之前写的,老板忙活半天,都是帮员工打工了。除了员工成本,另外很大一块就是快递成本。标准化说到底就像方便面一样,面是一样的,不一样的是酱料包,两者搭配一下,就是一个新菜。"

我问:"那你亏钱之后是怎么改进的?"

中医说:"我去了南京,把项目升级,搞了预制菜的2.0版本。在某某区域搞试点,搞无人生鲜柜等,项目比较成型,正在准备进一步扩大,要往整个南京推广,也得到了相关机构的支持,算是民生工程。"然后他把一些改进措施和我详细说了一遍。

我说:"我是农村出来的,我一贯的观点是,和农业搭边的任何事情,我都没兴趣。我刚才看了,你的菜价二十多元,价格卖不上去,还有大量的产品损耗,一旦保存不当、销售周期过长,每一天都是亏损。

"而且你研究发达经济体,会发现随着时间的推移,蓝领阶层的薪酬会一路飙升。我身边很多搞建筑工程的,现在建筑工地、工厂里,已经招不到年轻人了,劳动力断层了。

"我以前开过公司，电商干过，礼品定制干过，软件公司干过，每一个都赚钱，但是都没赚到大钱。几年折腾下来，我想明白了，这几个领域我干得不够专注，竞争也极其激烈，相较而言，医疗行业门槛更高，规模更大，从业者赚钱更容易，就安心搞医疗行业了。好好干医疗行业，好好买房子，好好搞投资，好好做自媒体，联结潜在合作者，再投资一些年轻人，这条路比很多创业项目稳妥靠谱多了。"

中医说："我叔叔在广东，也是医生，但是他下海早，开医院，搞药店，买房子，赚了很多钱，在房产投资上赚的钱远多过主业。"

中医继续说："我做预制菜，还受某个大V的影响很大。他写过一篇文章说未来的趋势是消灭厨房，未来的户型会彻底干掉厨房。我有个男性朋友在深圳，住着价值千万的豪宅，单身，自己不会做饭，也没有人给他做饭，硕大无比的厨房，就是没有用。一平方米十几万，一间厨房就是上百万，点预制菜、外卖，能吃多少年？吃完就扔，还不用洗碗。预制菜行业在新加坡等国家发展得更迅猛。"

我说："户型一直在不断进化，未来不仅会进化出没有厨房的房子，还会进化出专门给老人住的老年房。房地产的进化永不停歇，没有尽头，各种科技化、特定场景化都会出现，现在年轻人看不上的'老破小'，当年都是有钱人买的房子。比如在上海，某个新村当年可是风光至极，谁能住进去，谁就是人中龙凤，有煤气灶，有自来水，很是奢华，住进去的人睡觉都能笑醒。七十年前，那里就是中国顶尖城市的工人新村。"

聊完房地产，我就聊医疗行业和生鲜行业的对比。

"你搞预制菜，对手和你竞争，比你便宜五毛钱，客户可能就跑了，没有任何忠诚度。但是你做中医，某名医配个方子，再贵患者还是要吃的，其他人开的方子便宜，患者会吃吗？不会的，这个方子，除了疗效，还有信任的成分在里面。你们学医的，跑出去和人竞争生鲜和电商，打没有止境的消耗战，你们要是拿出这个劲头去搞医疗行业，早就有成绩了。"

中医说："我们回去认真研究一下医疗赛道，期待有机会合作。"

# 一个罕见的、对普通人最友好的行业

## 一

有一天，有个朋友来找我吃饭。他从事医疗行业刚半年，我们聊了很多。

一边吃，我一边和他分享如何分析市场、如何签订单、未来前景如何，朋友连忙摆手说："达叔，这个饭没法吃了，我现在听得异常激动，恨不得现在就出门跑客户去。"

我问："你觉得我讲得有道理吗？"

朋友说："我要是早十年加入这个行业，我积累的财富就不是目前这个水平了。你在文章中说过两点，我记得很清楚，年纪大了，要遵循以下两点：第一，生意规模做不到一千万的，不要做；第二，没有复利效应的事情，不要做。"

朋友指着这个餐厅说："现在是周六，这个时间点，大厅没人，包厢也坐不满，这个店快倒闭了，肯定是亏的。"

我说："是的，所以我旗帜鲜明地反对所有人都去做餐饮。即使赚钱，也不值得，餐饮是百业之王，最后能赚钱的却没几个。"

朋友说:"那你怎么评价医疗行业?"

"我可以负责任地说,这是一个极其罕见的,对普通人最友善,最容易让普通人过上中产阶级以上生活的行业。"

朋友说:"请你说详细一点。"

我问:"你是什么学历?"

朋友说:"本科。"

我说:"目前,哪几个行业普遍收入不错?做 IT 的,你要学技术,要拼命加班,技术有壁垒,很多技术迭代非常快,一晃三十出头就要被替代了。'码农'是青春饭,如果懂得买房子,有积累的,还能过上好日子,否则被替代的人大把大把。金融行业对从业者的要求极高,稍微好一点的公司,招的都是名牌大学的毕业生,对普通人非常不友善。普通人去从事金融行业,只能去各种奇怪的小额贷款公司,搞不好就违法了。"

各个行业的平均收入排名有很多,无论你从哪个维度看,医疗行业的收入水平都是靠前的。

在医疗行业,一个大专生、二本生入行努力一下就能年入十万以上,稍微踏实一点的就能年入几十万。这样的收入,放在其他行业,基本上只有高学历的人才能有可能实现。

## 二

朋友问:"从事医疗行业,能不能满足你所说的那两点要遵循的原则?"

我说:"先说第一点,你现在搞的是 IVD(体外诊断),你觉得迈过一千万那道坎容易吗?"

朋友说:"不难,有很多种方法可以达到。"

我问:"你迈过一千万那道坎之后,营收会波动很大、朝不保夕吗?"

朋友说:"不会,一般生意都比较稳定。"

我说:"这就是医疗行业。多少其他行业的小公司,累死累活,一年营收迈不过一千万,侥幸上去了,第二年可能就又下降了,丝毫不敢懈怠。

"再说第二点,复利效应。你每一天出门,见的客户都是很稳定的,不会跑的,他们就老老实实地在那里。你每天多见几个就是积累,每个季度搞定一两个也是积累,每年都在进步,只要你不犯大的错误,真正挺你的客户积累到十来个就够你吃一辈子的了。关键是这些客户,你一旦搞定,就是绑定十年以上的,他们不会轻易换合作伙伴,自己也很少跳槽。这是多么完美的客户。在其他很多行业,客户天天到处乱窜,前期你根本不知道客户在哪里,成交之后,客户没几天就找不到了,你很难完成积累。没有积累,你每年忙活的事,对未来没有太大帮助,晚年就容易悲催。一旦停止工作,收入就没了。如果资产囤得足够多,有资产性收入,那还能过得体面一点,否则就很难熬。"

# 食物链的攀爬和我们这代人的机会

出差一周,每天忙得睡眠不足,周末总算可以在家好好休息一下。

达姆问:"今天不出去了?"

我躺在沙发上说:"白天不出门了,晚上出去,和朋友吃饭,给你报备一下。"

达姆问:"朋友是干啥的?"

我说:"是两个医生,某医院心内科的。他们是我的读者,最近搞了一个医疗公司,做创新类的高值医用耗材。"

达姆问:"你不是搞IVD的吗?对心内科的高值医用耗材也懂?"

我说:"我不懂,所以我叫了一个头部医疗投资公司的投资总监,她是这块的专家,让她一起去见一下,别给聊跑偏了。"

达姆问:"那个是你原来的老同事?"

我说:"是的。在我们这批做药的人里面,她是反应最快的,也是跑得最快的,很厉害。而且,我俩也有六七年没见了,正好见一下,叙叙旧。"

## 一

投资总监问我:"你不是说一般不吃晚饭的吗?还说对吃饭没兴趣,怎么这次约了个晚饭?"

我说:"医生太辛苦了,他们时间太少,又得做手术,又得坐门诊啥的,白天几乎没时间,能晚上挤出大段的时间,已经很不容易了。"

约好了时间,两位医生反而先到,我上前握手寒暄。

一聊,我们年纪几乎一样,还都是苏北的老乡,这两位一看就是学霸级别的。

医生问:"你的文章是每天现写的,还是储备了几篇?"

我说:"基本上都是现写的,没有储备,想到哪儿就写到哪儿。2015年,我曾经下过一次决心,要写文章,还给达妹吹过牛,结果给自己定的规矩太宽松了,一周写一篇。拖延症一犯,周一不写,想着周二,周二太累,想着周三,最后反而搞不起来。现在好了,每天不论刮风下雨,还是开会、团建,再晚也得给自己交个作业。"

对面两位医生说:"你是个狠人,自律的家伙都是很强的,至少真的能让人产生信任。"

说话间,投资总监到了。

相互介绍一下,然后以茶代酒,碰杯开吃。

## 二

他们三个很快进入了状态,业内这个赛道正在创业的公司,双方全都知道,也大概知道进展、定位和方向。

作为一个搞 IVD 的，我就在旁边负责吃了，心中暗想，幸好把老同事带来了，否则就彻底暴露我没文化了。

这个读者前些天找我，想干啥呢？他是做心内科产品的，从事结构性心脏病介入治疗领域的，他说目前这个领域日新月异，有非常多的创新性想法正在应用于临床。

另一个合伙人是做心外科产品的，很多创新是可以把心内、心外打通的。

他们公司目前刚起步，手里有四五项专利，希望能实现转化，但是很多想法只在猪的身上进行了实验。后面的产品，需要找靠谱的器械研发工程师或者这方面的服务公司，可以接受投资，也可以接受成为合伙人。

他们看我天天写文章，联结了一批医疗行业从业者，就问我有没有相关的资源，帮忙对接一下。

收到需求之后，我发给搞投资的朋友问："这个赛道，你熟吗？"

投资总监说："熟，我就是投器械这块的，你问问是不是投心脏瓣膜这块的？我之前投了一家，特别争气。我投的时候，估值不到一个亿，两年过去，最近融了二十多个亿。"

我说："那你赶紧来吧，他们肯定不介意，你是财神。"

整个聊天过程中，从股权比例、团队配比、商业策划书到融资节奏、项目进度，每个阶段需要做哪些事情，专业的投资人想得还是比医生要细致、专业很多。

可见，每个领域都要找专业的人，做专业的事，马虎不得。

医生问："你们觉得现在的行业趋势，对我们医疗行业是利好还是利空？"

我说："我曾经坚定地预言过，我们即将迎来医疗行业的黄金二十年，说的主要就是你们这些搞创新的。我们公司的中国区创始人上个月离职了，他在外企做老大，做了近三十年，是个非常成功的职业经理人。

"但是，我们这一代人的想象力要比上一代人丰富很多。比如我所在的赛道，六年前我们做竞争对手分析的时候，主要研究的对手都是外国公司，最近几年，我们研究的对手大多是国内公司了。

"而且，这些国内公司，先不说起步的产品如何，后来都在不停迭代，进步很快，很多公司都吃到了资本、证券化的红利。我虽然吃不着，但还是替他们高兴。

"我见过一些经销商，原来一年做一两个亿的，在行业新形势下，生意一落千丈。这些厂家、经销商现在纷纷转型，都在投资新产品，寻找新产品。用口号喊着让大家去创新、去转型是没用的，能说服人的只有利益。

"我有一个经销商也很年轻，现在代理生意做得好好的，却经常坐飞机跑到深圳去看各种代工厂，看看能不能贴牌，做一下厂家的生意。这些人以前赚钱太容易了，根本就看不上你的生意，更不可能投资你的创意。为什么？因为从创意到模型到注册拿证到生产到拿物价，到最后开始销售，要走的路太长，风险太大。钱容易赚的时候，不会有人去给自己找麻烦。

"现在出台了很多行业政策，针对的行业很多，比如游戏、白酒、房产、医疗等，每个行业的政策都不同，效果也不一样。不过，归根到底，底层逻辑是一样的——都别想赚快钱了，都来搞创新，爬上一个更高的山坡。

"我们这代医疗人刚好生活在这个动荡期、转型期。往前二十年，中国医疗公司太弱小，没有积累，材料、制造、工艺、资本等都没有准备好，所以你们这样的创业者没有任何机会；往后二十年，中国创新类的医疗公司将会在全球占有一席之地，不一定能和欧美打个平手，但是凭借价格优势、术式创新，会有一堆公司走出国门，占领亚非拉市场是没问题的。

"术式，说到底，就是一门手艺活，中国人口多，手术多，已经发明了很多以中国医生名字命名的术式了。再往后，外国人想活得久，想找最厉害的专家做手术，很可能要来中国，因为这边的手艺最纯熟。

"所以我说，上一代人没有好的机会，下一代人也可能没有特别好的机会，因为中国的国产替代品到时就走得差不多了。我们这代人正好生活在黄金时代、大转型期，我们要是赚不到钱，就说不过去了。

"要透过那些令人眼花缭乱的现象看到本质，就看医保会不会为创新买单，如果会，那方向就是对的。经济在持续发展，人口在持续老龄化，老了想延年益寿，医保又愿意买单，剩下的，就都是细节问题了。"

## 三十年前的投资，一个家族的崛起

一

一个三十多岁的男生，上台分享他的家族事业故事。

同事转过头和我说："这一看就是个'富二代'。"

我说："你仔细听，他的家族事业是从爷爷辈开始的，他是'富三代'。"

20世纪80年代，他爷爷在浙江某乡镇创办了一家骨科医院。1990年，医院全年营收是三百元，你没看错，是三百元。他的爷爷做了一个决定，花一百元从杭州引进了一位骨科专家，看似是帮助医院吸引患者，其实最重要的是，让这位专家教他儿子做手术。

这位分享者说："我今年三十多岁了，正在掌舵整个集团。我经常想，我们民营医疗集团都在说重视人才，但是哪个公司会拿出全年营收的三分之一去挖人才？是营收的三分之一，不是利润的三分之一。"

我在下面听得鸡皮疙瘩都起来了。他的爷爷太厉害了，都说要对孩子进行投资，对下一代负责，他的爷爷才是真正的楷模。

学校的教育都是通识教育，完全指望学校教的那些东西能发家致富，这是不现实的。指望孩子去上个好学校，出来就是人中龙凤了，那是难以实现的。

20世纪四五十年代、五六十年代出生的人，甚至七十年代出生的人，之所以会产生这个错觉，是因为他们那个时代，人才断档了，是世界罕见的人才大断档，是一个灾难。能让你发家致富的，更多的是家学，是不传之秘，是利益共同体之间的小秘密。

写到书本里的，能让你轻易学到的，大多是常识。

我们能为孩子提供什么？我们能传承什么？我们摸索到了什么样的秘诀，掌握了什么样的生产资料，能够传给下一代？这才是我们每天该思考的，而不是天天惦记着孩子要努力。

我们这个时代，一切欣欣向荣，该努力的是我们这代人。

## 二

有一天，在广州，我见了一个读者，她也是从事医疗行业的。

她来见我，竟然带着小本子和草稿。她打印了两张A4纸，一张是她的简历，虽然不是来找工作的，但她说方便我了解她的经历；另一张上面列着她想问我的问题，除了医疗相关的，就是有关房产投资的。

她住在广州，买了珠三角的房子。她感慨，资产性收入在过去十年里远超工资性收入。

姑娘忧心忡忡地说："我去年在佛山又买了一套房子，你说疫情之后会大涨，到今天一年不到，真的涨了50%左右，以后怎么办？"

我问："什么怎么办？"

姑娘说："涨得太多了，最多再涨一点，就该涨不动了吧？大家都买不起了。"

我说："你之所以这么想，主要在于你没有想象力，你不能把时间拉长到二三十年来看问题。问题是动态的，资产价格也是动态的。谁能想到，1990年，一家乡镇医院，全年的营收只有三百块钱，挖一个杭州的医生，只要一百块。你今天在有发展潜力的城市购买的资产，所花的钱无论多少，等你的孩子长大了，他们都会抱怨你当时为什么不多买一点。"

有的家族，三代人对资产、技能、教育的观念是一致的，都是高维认知；而有的家族，三代人之间相互抨击，相互否定，相互拖累，没有共识，更不会相互妥协。这就是家族与家族之间的差异。

当我发现很多读者把我的文章推荐给自己的家人时，我就觉得这个家族正在凝聚共识，正在尝试团结力量。比如，广州有一位关先生，我虽然没见过他，但是听说他正通过自己的努力，用资产证券化的方式带领整个家族在某类资产上合作致富。

我第一次听说的时候，就很感慨，这肯定是一位很有领导魅力的人。侍从眼中无伟人，近看无高山。在外面再厉害的人，在家族内部往往是被唾弃的，真正受到拥戴的很少。而他做到了，这是很难得的。

## 城市化进程和医疗行业趋势

一

有一天,我见了一个女生。她来自某中部省份,来上海参观学习。她给我讲了很多故事。

我为什么要见她?他们那里在搞康养产业,她来长三角学习,参观G60科创云廊等项目。

从她的口中,我印证了自己之前的很多观点:

整个城市,两百多万人口,正在发生新一轮的人口流动。

市里的有钱人,正在逐步把子女送到北京、上海、广州等一线城市;没那么有钱的人,开始在省会、省会周边城市买房子。

县城的有钱人,正在拥向市里,而县城正在逐渐变成乡镇、农村的有钱人的聚集地。

以上现象,以前是研究经济学的学者推导出来的,而在当地人的眼中,是现在正在发生的事情。

## 二

我问:"你来一趟上海,行程安排那么紧,怎么想着要见我?"

姑娘说:"因为你彻底改变了我的生活,帮我打开了一扇新世界的大门。看了你的文章,我开始关注房子,那是半年前的事。我选了城市,挑了一些小区,平时很忙就没有出手,才过了几个月,再一看,每平方米涨了六千元左右。我的时间长期被工作挤占,从来没有空闲关注资产价格,这下差点把我弄崩了。"

我说:"听我的话,是有希望变富的。"

姑娘说:"我给你提供一个素材。我们开会休息期间,有个阿姨在拖地,我问她,来上海几年了,买房了吗?阿姨说,买了两套,一套是 2009 年买的,一套是 2014 年买的,都在上海。"

我问:"你来研究 G60 科创云廊,研究得如何?"

姑娘拿出手机,给我看她记的笔记,写了很多口号、标语、宣传思路等,都是高大上的词汇,我也看不太懂。

姑娘说:"我以前出来开会、参观、学习,很多东西基本上都不过脑子,但你的文章给自己提供了很多新的思路。比如你经常提到,看到任何一件事,想想它跟自己有什么关系。我这次来上海,路过的每一个展台,看到的每一个标语,我都会想,长三角的人为什么这么摆设,为什么这么写,这些对我的工作有什么帮助……一旦我顺着这个思路去想,顿时就豁然开朗,这些规划、展示、陈列、这些技术、标语,都是我们那儿没有的。这两个地方的发展,有十到二十年的差距。如果我可以学到这些东西，带回去做汇报，我的成果立马就碾压所有人了。"

## 三

姑娘给我介绍，她身边的一些朋友，原来搞钢材的、房地产的，现在都在转型，往医疗行业靠。

这从侧面印证了我的论断——未来二十年是医疗行业的黄金二十年。

以前我只能通过经济规律和逻辑推理得出这个结论，做了自媒体之后，开始有很多投资人把他们看到的世界、接触到的信息告诉我，我说的好像是对的。

我在想，如果我的一些见解、经历、经验，真的可以影响一些人，我就应该多分享一些。

比如，当客户不想见我的时候，我如何写邮件，赢下五十万元左右的单子。

当没有客户的时候，如何通过写邮件，把一些目标客户扫出来，而且可以签下几十万的单子。

这么多年的销售经验，自己是否可以整理成独家的课程，有理论、有案例、有底层逻辑思考地呈现给大家。

也许能对大家有启发，让大家赚阳光的钱、干净的钱、更多的钱，过上有尊严的、体面的生活，减少对未来的恐惧。

当别人在分享高深知识的时候，我分享经验、案例、故事、可以操作的细节,每一个小故事都是可以借鉴和模仿的,可以立马上手就用,至于能够从中悟出多少道理,就看读者自己了。举一反三,是需要天赋的。

姑娘说:"我之前买过一个课程,学了很多,讲课的个个都是大师,但我发现这些大师讲了很多大道理,就是不给你勺子。"

我问:"那我呢?"

姑娘咯咯笑着说:"你和他们不一样,你说的都是琐碎小事,都是今天见了谁,想到了什么,这些乱七八糟的事,我也每天都见各种人,但我提炼不出来。"

我说:"你可以试试看,刚开始写的时候,不用担心出丑,因为根本就没人看,等你觉得自己写得差不多了,才会进入到下一步,如何吸引更多的人来看。就像郭天勤写了十几年的日记一样,之前就没打算让人看,就是一直写,多年以后,可能就有价值了。很多事情在开头的时候,根本就没有想清楚,最后虽然都变现了、赚钱了,但是回头一看,都是跑偏了的。"

人,要有自己的节奏,否则都是随风摇曳,时间到了,风停了,你会留下什么?

## 不要动不动看不惯，思考行规产生的原因

我脾气不太好，小时候情绪也不太稳定，但是我骨子里特别喜欢情绪稳定的人，也喜欢和沉默寡言的人交朋友。其实就是出于好奇心，想知道这些个"闷葫芦"的脑瓜里到底在想什么。接触得多了，发现很多人除了闷，脑子里是真没想啥，我的好奇心也就慢慢减退了，毕竟撩拨一个很闷的人，成本太高了。

但是有几个人对我影响特别大，其中一个是二十年前的同桌。他不怎么说话，成绩也很好。我就每天找他瞎扯淡，慢慢发现他喜欢讨论法律、哲学、伦理方面的话题，这太刺激了，算是牵扯到价值观了。

比如，犯罪的坏人有没有权利请好律师给自己辩护？好律师明知道他是坏人，要不要接这个案子？争论到一半，我就有点生气了，对方看着我，悠悠地说："只要我还能让你生气，你就没有多大把握能赢我。"

丁零零，上课铃响了。

这句话让我想了整整一节课，又记了二十年。

几年前，我问他："你对我影响最大的就是这句话，你记得吗？"

对方慢悠悠地说:"不记得了,有这么深刻吗?"

一

鸡汤作者经常说这样的话:"改变能改变的,接受不能改变的。"

乍一看,觉得太有哲理了。再往后想,发现不对。

为什么?

因为话没说完,什么能改变,什么不能改变,这怎么区分?区分这两者,需要智慧。有了区分的智慧,这句话才能落到实处,才有真正的价值。

想到这一层后,每次拜访客户,和大V聊天,我就喜欢和他们探讨一些思辨性的问题。操作性的问题大多没有讨论的必要,能干就干,不能干就赶紧拉倒,谁也不要勉强谁。

一天上午,我和一个做国产设备的经销商聊天。

我问:"这几年生意做得如何?"

经销商说:"业绩增长不错,利润空间也高,就是心里憋屈,很难受。"

我问:"为什么难受?"

经销商说:"我们做经销商的,以前看着厂家赚钱,就想往上游走,于是自己也投了一个厂搞生产,结果发现自己掉坑里了。"

我问:"什么坑?"

经销商说:"首先是研发。我交了很多朋友,他们都说愿意帮我。谁知道,等我真的开始搞了,一笔钱投下去,发现出现了两难:

真正的技术大牛疫情防控期间都赚钱了，现在根本不愿意来。愿意来的都是技术新人，谋求晋升，来赌一把的。以前我做经销商的时候，天天骂厂家，这么小的东西都搞不定，现在发现自己也搞不定，甚至更差劲。"

我憋不住，咧着嘴笑说："那现在咋整？是关掉，还是继续坚持？你是开公司的，不是键盘侠，敲几下键盘发完牢骚就继续躺平，你一躺，一夜回到解放前。除了这款停滞的产品，你还有别的能输血的产品吗？"

经销商说："有，我代理的产品，每年还能赚一些钱。前些年贴牌的一个产品，也能赚点钱，但是也有困惑。早期，我代理了一些进口品牌，但是觉得对方太死板了，经销代理权限一年一签，搞得我们不敢多投入，生怕有个闪失。我以为这个是痛点，所以我做了厂家以后，给一些渠道一口气签了五年，心想这下可以安心地搞了吧？结果发现，也不是这么回事。好多区域都荒芜了，要想收回，还担心打官司，都是老朋友，很尴尬。"

我说："上周在成都，有两个年轻的创业者也给我分享过他们的心得。我当场就拍着桌子和他们说，国内的创业者千万不要钱还没赚多少，就傲慢地觉得外企那一套是迂腐的教条。"

我的原话是："不要把外企当傻瓜。"

二

经销商老板说："你给分享一下。"

我说:"国产替代品已经进入市场好多年,但是在很多领域,仍然是外企的产品占大头。国产品牌只是在消费品领域走到了前列,这给很多人造成了一种错觉,觉得国产品牌厉害了,马上要如何了。事实上,你把权威人士的发言拿出来看一下,全球制造业有四个梯队,我们只处于第三梯队,只比中东、非洲、拉美等地区好一些。第一梯队仍然毫无疑问是美国,我们比第二梯队的欧盟、日本也差很多。"

经销商老板说:"我觉得国产品牌这几年进步很快。"

我说:"进步是有目共睹的,但我们一定要分清楚,进到哪一步了。如果一步步去追赶,还需多少年能赶上?如果是二三十年,我们这代人就是最大的受益者;如果是五十到一百年,那就是下一代人获益了。

"除了大的国家级别的追赶,你所在的细分领域能不能突破,这才是你最该关心的。比如,我所在的细分领域,整个行业规模才三十个亿左右,规模小、壁垒高,国产巨头们根本就看不上,不投入。有几家冲进去,到现在为止,都没有混出来。如果你不信邪,觉得自己特别厉害,也冲进去,很可能也是要废的。

"你仔细总结一下规律,一旦某个细分领域实现了真正的技术突破,那么必然会诞生数百个玩家,一起杀进去。比如 IVD 领域的生化、胶体金、POCT(即时检验)等。在非医疗领域,就是 SNS(社交网络服务)、千团大战等。

"一些比较冷门的技术,几乎没什么人搞。除非你是技术大牛,加上你真的有钱。否则，你还不如拿钱去泡个脚，对身体好，好过被社会毒打。

"我不懂技术，但是我懂人性，懂经济规律，没有哪一个好项目会等着我们这些做业务的去突破。现在资本这么发达，掌握高科技的人都自己去创业了，能给你占个小股，就是万幸了。如果有人拿着某项技术，吹得天花乱坠，动辄千亿、万亿规模的，他很可能就是个骗子。

"我说过，生意是分规模的。在某领域，千万规模以上的生意，是大老板的；百万规模的生意，是高层管理人员的；数十万规模的生意，是中层管理人员的，以此类推。产业也是如此。千亿、百亿规模的生意，是优秀民企的。行业新、发展快、技术壁垒高，趁着Old Money（富二代）没反应过来，New Money（白手起家的创业者）就完成积累了，那是运气好。普通人只能做餐饮、按摩、地摊、运输、挖沙、搬砖之类的小生意。在这个规模，就只能赚到这个规模的钱。再往上就搞不动了，这是难以逾越的天堑。

"你觉得外企一年一签很傻，但是你有没有想过他们为什么要这么做？一家两家这么做，可能是他们傻，那为什么头部企业也是一年一签？几乎整个行业都是一年一签？那就不是他们傻，而是你傻。

"你没有认识到这种做法背后的深层逻辑，是出于安全、规模化、标准化的考虑，还是有其他考量？这是你要学习的，而不是挑战的。你现在不学，只能说明你还没准备好，是你规模还不够大。等你做大了，你肯定得学那套规则。很多国内企业发展到一定规模,都会更新管理层、启用新规则。为什么?因为再不换,就要挂掉了,散架了。

"再举个例子,很多自媒体在骂通货膨胀,那么,为什么几乎所有国家都选择通货膨胀?为什么不保持货币数量固定?为什么不搞通货紧缩?这些政策可都是全球最聪明的人制定出来的。他们都选A,你说A不对,那你就是傻。

"你能做的就是认识到这是无法改变的,在通货膨胀的现实前提下,做些对自己有利的事情,而不是每天骂骂咧咧,无能狂怒。"

经销商老板默默地端起咖啡,说:"生意做不做不知道,没事和你聊聊,倒是挺醒脑的。对了,你对生三胎的事怎么看?"

我说:"咱们还是多聊聊赚钱的事,三胎这事我说了不算,达婶说了算。"

## 你在什么城市，就吃什么药

某次体检查出尿酸偏高，去医院配了点药，两盒药加上一些检查项目，总共八十五元，都是医保支付，自己没有掏钱。

我在医院办完事，顺便去见了某主任，聊聊天。

主任问："从你手里的药和账单，你能看出点啥？"

我说："来一趟医院，要是有城市医保，比原来便宜了很多，花的钱在可承受范围内，就把病给看了。"

主任说："对，这是医疗改革的第一层，就是让普通患者有获得感，让他们支持改革。但是，有一些规律是很难打破的。"

我问："你指的是哪方面？"

主任说："你看你手里的两盒药，是哪个国家的？"

我看了一眼，一盒是国产的，一盒是德国的。

主任说："我们这里是上海的三甲医院，在国内能排到前十，一些科室能做到全国第一。你在上海做业务，面对的客户都是全国顶尖的，你可以见到知名医生，可以见到院士，可以见到顶尖的专家。这是因为你的能力强吗？可能是，也可能不是，只是因为你在上海这座大城市，你找到的客户和资源，就远比你在那些小城市找到的更高端、更优质。

"除此之外，同样的价格，你在上海能吃到进口药、原研药，如果你在小地方，就只能吃到仿制药，质量没保障，价格还差不多。这种福利，是这个城市赋予你的。"

我说："这一点，十年前我就想明白了，主要是两件事情给了我很大的启发。第一件是，我在某头部药企做业务的时候，某个新药效果特别好，刚在中国上市，公司花重金挖了一批悍将，所有的优质资源都先往头部城市里砸，要立标杆客户。当时我就在想，同样的患者，要是生活在上海，就能早两年吃到这种疗效更好的新药，要是生活在小城市就得晚两年才能吃到，甚至可能永远吃不到。

"第二件是，七八年前，我带朋友去重庆出差。朋友生病了，躺在房间里走不动，他列了两个药给我，让我去帮忙买一下。

"两个都是进口药，其中一个叫希刻劳，我记得特别清楚，我有上海的朋友卖这个药。我拿着单子，围着酒店转了一大圈，跑了不下五家药店，全都没有这个药，有些店员甚至都没听说过这个药，他们看了化学名，给的都是仿制药。我实在转不动了，就给朋友打电话说，我把能跑的药店都跑完了，没有进口药，全是仿制的，问他吃不吃。朋友在那头，躺在床上仰天长叹。"

主任问："那你觉得这个问题怎么解决才好？"

我说："我有一个心得，搞管理，想要激发人的动力，就得多用利益，少用恐吓，尤其是在长期、动态、重复的博弈中，更需要用利益。

"当年有一个很出名的事件。某地要建一个 600 米的码头，工期紧迫，马上就要延期了，但是工人每天就只能拉 20 车土石，全都在磨洋工、拉肚子、请假、迟到，无论怎么催，都提高不了效率。无奈之下，负责人出了一项破天荒的奖励制度——每人每天拉 40 车，每多拉 1 车，奖励 4 分钱。结果工程进度迅速'起飞'，工人们再也不拉肚子了，身体也瞬间好了，最高纪录是一个人一天拉了 130 车。

"原本必定要延期的工程，不仅竣工时间提前，还为国家节约了 130 万元。随后，'唯金钱论''奖金挂帅''闯了红灯'这些质疑声四起，这种奖励制度就停了下来。

"然后，工人们又开始迟到、生病，一切又恢复了常态，一天又只能拉 20 车，多 1 车都费劲。钱能治病，能让人起床，能让人少跑厕所。你不让人赚钱，那面对的就是电话没人接。以前患者担心的是，进医院要花很多钱，现在患者更担心的是，钱没少花，风险却更高了。"

主任咯咯笑："你懂得挺多。"

我说："我在家里，没事就看历史书，觉得特别有意思。你看朱元璋，出生在安徽凤阳。他最痛恨的是江南，对苏州府、松江府、杭嘉湖地区一直处以重税。但是，凤阳这样的龙兴之地，发展起来了没？我跑业务的时候去过凤阳，那里还是穷得很。江南有没有因为两百年的重税而衰败？并没有。绵延千年，江南仍然是中国的富庶之地，经济繁荣，人民富足，人杰地灵，俊采星驰。"

主任说："我是一个医生，我能理解的是，很多人过于夸大意志，但是意志在生理面前是毫无作用的。一个截肢的人，意志再坚强，也站不起来；一个重病的患者，意志再坚强，也只能躺着。当然我们不能否认，他们有的人能取得成就，但确实无法站起来。"

# 不要等别人来给你定指标

## 一

这一天上午，我和朋友聊天。

朋友说："连续两个月，业绩下滑，老板很生气。"

我说："做业务的，都有大年小年，业绩下滑很正常，为什么那么生气？是不是有其他原因？"

朋友说："去年，全省的医疗生意暴涨，被过度透支，今年肯定会有很大的挑战，老板担心原来的同事一个人搞不定，就把我调过来了。上半年，我看指标觉得能够完成，就没怎么上心，偷懒了。"

我说："你有没有研究过上半年和下半年的指标占比呢？"

朋友说："上半年和下半年的指标占比是 4 : 6，其他区域差不多都是 1 : 1，我大意了。"

我说："那他生气的原因可能就不是业绩没有完成，而是气你对市场、对自己的人生太不负责任。真正优秀的人，是对自己的人生负责的，不需要别人给他分配指标，他的眼睛盯着市场、盯着客户，想的是如何远远超出指标。他不是在为公司干活，而是在为自己打拼。

"老板把你调过来,肯定是认为你能打,出于对你的信任,上半年给你轻一点的指标,是为了给你留一定的空间,让你放手去干。而你的眼里只有指标,对自己的要求太低了,觉得只要完成指标就可以了,没有为下半年做充分的准备工作。到了下半年,你就完不成了,露馅了。当你发现指标完不成了,才开始着急,但已经来不及了。

"指标低一点就躺在家里睡觉,指标高一点就爬起来干活,这种人就不配过上什么美好的生活。真正追求美好生活的人是自我驱动的,指标低的时候就超额完成,能超多少就超多少,把能拿到的钱赚足、赚满;指标高的时候,别人完不成是别人的事,老子拼了命也要完成。拼到什么程度才可以?就是当你拍着胸脯跟老板说,这个指标我都完不成,全公司就没人能完成了,而老板认可你这句话,承认自己的指标定高了的时候,你拼杀的能力才算得到认可。"

朋友说:"我的确错过了一个很好的时机。"

## 二

我说:"以前我就说过,这个省是疫情之后很多公司的老板应该直管的区域。在各种产品极度饱和甚至过剩的情况下,这个区域的市场规模是否还能继续增长,是否能找到新的细分市场?

"有一些国内厂家的读者,给我发信息说达叔你太牛了,他们的总经理刚刚宣布要直管这个区域。你们公司把这个市场交给你,就是对你的认可。最难打的市场，交给最锋利的刀。"

朋友说："我上半年大意了，没有花太多时间在这个区域上，现在非常后悔。"

我说："你更应该思考的是你为什么会有这样的价值观，你为什么要盯着别人给你定的指标。别人把指标给你定得更低，你就按照更低的指标去努力去赚钱吗？真正优秀的人，永远都是拼尽全力的。你打你的，我打我的，永远拼尽全力，把指标踩在脚底下，证明他们的指标定错了，看不起人。

"每天睡觉前，都要问一问自己：这个地盘因为我的存在而有哪些不同、哪些创新？我走之后，会留下哪些印记？你的老板、同事、对手，一个个都是人精，他们中间，有人会升任大中华区总经理，有人会出去创业，弄一个上市公司出来，有人会自己开公司，深耕一块地盘，一年做几千万的生意。

"你面前有两条路，一条是努力让这些人看到你、认可你，将来他们缺帮手的时候会带上你；还有一条是，努力自成一派，让他们认可你、敬佩你，等你去创业的时候，他们会支持你、帮助你。这两条路看似不同，其实有一个共同的起点，那就是你要证明自己的价值，赢得身边人的尊重，让别人愿意和你产生联结。

"我曾经说过，我们这些做业务的，本身没有什么技术含量，如果做得一般，就很容易被替代。很容易被替代，那就是吃青春饭的，年纪一大就会被后面的年轻人替代。因为你的优势只是年轻、便宜，这些都会随着时间流逝而逐渐贬值。全国做业务的人不计其数，真正觉醒的人每天都在跟时间赛跑。在有限的时间内，变得更快、更高、更强，远远超过身边的同事，赢得客户、老板、同事，甚至对手的尊重。

"赚得更多，联结更多，快速完成原始积累，给自己赢得腾挪的空间。成为高管，成为创业者，成为投资者，向食物链的顶部攀爬。每往上攀爬一步，对年龄的要求就会更宽松一些，财富的积累就更快一些。

"如果你只看到眼前的业绩，你会觉得差不多就行了；如果你看得更深，想得更远，你就不会那么轻易放过自己，就算是累成狗，跑不动的时候，你仍然会告诉自己：'扶我起来，我还能打，我要再打十个。'"

## 三

朋友说："按你这么说，我错过的机会就太多了。以前带过我的人，大多都升职了，好几个都是中国区总经理，但是没有一个愿意带上我。"

我说："这说明两点，第一，命运之神待你不薄。不是每个人都有机会被未来的大领导直接领导的，你看电视剧《少帅》，我只记住了其中一个细节，张学良被他爹扔到部队的军校一期五班，就是随便一扔就扔到了那个班，而张学良崛起之后，一期五班的人几乎全部都得到了重用。当年如果他被扔到一期二班，那么后来的师长、军长可能就是一期二班的人了，这就是命运和现实。

"第二,你就在一期五班里,来了好几个未来的少帅,他们崛起之后都不把你带走,也不提拔重用你,说明你对命运之神的馈赠丝毫不珍惜。人人都想吃现成的,都对功成名就的大人物毕恭毕敬,希望巴结到大人物,得到大人物的赏识。但是,我们配吗?

"好多年前,有一个很小的细节刺激了我。某世界五百强集团大中华区总裁要拜访我分管的某个客户,总经理让我带总裁去拜访客户。见了面,我给总裁递上了一张名片,总裁愣了一下,接下了,总经理就站在旁边笑。那一瞬间,我知道自己出丑了。为什么?因为我和总裁的实力和级别都差得太远,在对方眼里,我就是个透明人,那天我的角色和向导有什么区别?人家需要看向导的名片吗?不需要。

"我们意识到这个现实,也不必悲伤,更不必生气,我们能做的,就是拼命努力。有一天,能杀到对方的眼前,或者另辟一条赛道,成为能和对方握手的合作者。当然,对方可能根本不记得你给他递过名片,也想象不到你那么能拼。当然,等我们杀出来之后,我们才意识到,这一切都是为了自己。"

人生不仅需要定一个目标,而且要定一个大的。

不要让别人来给你定指标。

# 坚持到对手倒下，你就赢了

## 一

某天我在开会，空档期间，有读者来访，是一个医疗行业的投资人。

我问："你是从什么时候开始看我的文章的？"

投资人说："我一个朋友转发的，《利益自上而下分配，风险从下往上分担》，我看完就觉得这个作者太了解事物的本质了。认真阅读的读者，人生轨迹将会改变。"

我说："对。全世界似乎都是这样。比如，某个地方发生了自然灾害，受灾的中心区域引起人们的关注并得到了物资供应，周围一些偏远地方受灾可能更严重，但得到的关注和帮助却更少。"

投资人说："我原来是一名医生，太辛苦了，后来去读了书，转到了金融行业，搞医疗投资。天天在外面看项目，也能感觉出来资金、专家、研发人才越来越集中，高端产业在呈现集群化趋势。像我们医疗产业的企业，在很多地区被列为高新技术企业，但是发展最好的还是在长三角和珠三角，最多加个北京。"

我说:"重庆和成都也在拼命追赶,尤其是重庆,搞了一个很大的医疗产业园。还有湖南也在大力追赶,我有朋友在做这块业务。"

投资人说:"对,我们公司有好几个投资板块,我负责医疗板块,有同事负责工业板块,我们经常交流,发现医疗行业即使目前面临一些挑战,但是和全行业相比,仍然是一条非常好的赛道。"

我说:"我们行业在下暴雨的时候,别的行业在下雹子。"

## 二

投资人说:"你前些天在微信朋友圈里说,普通人身价的上限最多就是一到十个亿,其他的大生意就别想了,不要僭越。

"我看完之后,心里一惊,先是觉得太低了,我们平时看到的互联网创富故事,不都是百亿、千亿的吗?再后来一想,那是财富幻觉,是纸面价值,大股东股票套现,引发股价大跌,卖得越多,跌得越厉害,最后套现到手,也没几个钱。所以,一到十个亿的确是上限了。

"但是,你为什么那么笃定我们这代人可以达到?你多次在文章中说,你的读者都有机会赚到身价一个亿,或早二十年,或晚二十年。"

我说:"经济本身是没有太多秘密的。只要你不犯浑,想要发展,一旦掌握了规律,经济形势是可以预判的。

"《月亮与六便士》的作者,在一百年前的欧洲,花了八千英镑买了一座豪宅,相当于现在的一百五十万英镑。马克·吐温有一篇小说叫作《百万英镑》，在马克·吐温生活的时代，一百万是巨款，但是现在伦敦每个中产家庭都有百万英镑。

"前段时间，在我的知识星球里，有个读者分享了一个日剧里的细节，讲的是二战后日本的一家人出去旅游，花费竟然只有四千日元左右。现在，四千日元在日本也就只能买两个西瓜。"

## 三

投资人说："所以在疫情刚暴发，大家都觉得经济会变差的时候，你就推测资产价格要上涨。"

我说："对，因为信用货币无信用。美国房价暴涨创新高，韩国房价暴涨创新高，英国房价暴涨创新高。将来的世界是更稳定，还是更动荡？"

投资人说："感觉是越来越动荡。"

我说："动荡，意味着突发事件增多，突发事件如果涉及民生，比如疫情、自然灾害等，都需要花钱。这些钱，收税是来不及的，因为全球多数国家的财政都是亏空的，额外增加一大笔费用，哪来的钱？只能慢慢化解。"

投资人说："你的意思是，经济比烂，看谁先倒下，谁倒下，谁就是肥料，被剩下的巨头分食，让他们回血复活？"

我说："对，很多人吹牛说美国前总统克林顿厉害，懂经济，他在任内把美国联邦政府财政搞盈余了。但真的是他懂经济吗？你翻开历史书会发现，那段时间整个西方的经济都非常好，不仅仅是美国。"

投资人问:"你为什么这么肯定?"

我说:"因为我是做业务的,市场分为存量市场和增量市场,存量市场越大,增量市场就越难搞。你想要开辟增量市场,存量市场的老玩家就会不停地给你使绊子,让你搞不成,只得继续依赖他们。而且开辟增量市场、新兴业务,需要坚定的战略耐力,可能需要多年才能做出成绩,可你的任期只有四年,怎么出成绩?只有拿很大一笔利益,超额完成业绩,不依赖存量也能实现增长,或者对存量老玩家进行赎买,让他们放弃抵抗。隔壁的对手倒掉,市场被瓜分,既能换来利益,赎买反对者,也能有更多腾挪的空间,提高竞争力。

"在我们医疗行业里,最大的生意来自哪里?自己的公司要有战略定力,稳扎稳打,对合作伙伴要守信用、讲规则,不占对方便宜。然后,慢慢等待对手犯错。每年都能看到一些公司发生内斗,上千万的生意就没了,就被对手接走了。金钱永不眠,人们永远在追逐利益,也在追逐安全。"

投资人说:"对,我们要成长为与财富匹配的人,'结硬寨、打呆仗'。"

# 人生很多选择是不可逆的

## 一

某天,我拜访了某非公医疗集团的检验科主任,是位女博士。

这个医疗集团旗下有十几家医院,崛起的速度非常快,这位检验科主任是他们集团采购负责人极力推荐我去见的,不去都不行。

我问采购负责人:"为什么?"

采购负责人说:"如果你还想继续在 IVD 行业混,就应该好好去见见她,她是我们集团的宝贝,非常有文化,而且有很多前沿的想法。她虽然只是一个检验科主任,但是她的想法决定了我们集团诊断业务板块未来的走向,所以你该去见见。"

约了下午两点见面,我提前到了。这边的客户都要午休到两点才起来工作,我绕着医院门口和大堂转了一圈。

时间到了,我见到了主任。

我说:"作为一家民营医院,你们得到了很多认可,太厉害了。"

主任咯咯笑,打开冰箱,递给我一瓶苏打水,说:"坐下聊。我把集团诊断业务板块未来的规划跟集团采购负责人说了,她就让我一定要见一下你。"

我说："为啥？我和她还没见过面呢。"

主任说："她和我说了，和你合作了好多年，虽然没见过你，但是她交代给你的每件事，你都办得很漂亮。她觉得你靠得住，而且什么事都能分析得头头是道。这次集团诊断业务板块的未来规划加上最新出的 LDT[①] 政策，对我们来说都是机会，看看有没有机会合作。"

## 二

聊完生意，我说："从你的谈吐来看，你不像是一个标准的检验科主任，你以前是搞科研的？"

主任笑着说："对，这么快就暴露了？我是做了好几年科研，太累了，最惨的时候，送孩子去补习班，他在里面上课，我在外面写论文。科研这条路，没有尽头，每个月国际顶尖杂志都有很多新的论文发表，看不过来，也学不过来，一旦停下来不看，就彻底落伍了，这个赛道永远没有终点。

"后来，我觉得搞科研距离临床太远了，一年上万篇论文，真正能够实现产业转化的寥寥无几，所以我就转到了临床这块，到医院来了。"

我问："以你的资历，按照正常的发展路径，至少应该去市级的

---

① LDT：临床实验室自建项目（Laboratory Developed Test，简称"LDT"），通常是指医学检验部门自行开发的检测方法。

公立医院,怎么会来这家民营医院?"

主任笑了:"这个问题很好,问到点子上了。我离开导师的时候,导师问我要去哪儿,我说了这家医院,导师叫我再想想。过了一段时间,导师实在憋不住了,又问我要去哪儿,我又说了这家医院。他很震惊,觉得改变不了我,后来也就算了,放我走了。前段时间,我去参加一个业内论坛,旁边一个同行是北方人,性子特别直,当面问我怎么想不开,怎么来了这里。"

我问:"那你是咋想的?"

主任说:"我是搞科研出身的,这些年整个检验科发展的速度太慢了,只做普通的检验项目,做不出什么新东西。有很多新的技术和政策,比如基因测序、肿瘤早筛、流式细胞、LDT等,都是我们检验人的机会。

"如果我在公立医院里做一个行政主任,我每天就会被困在降本增效、日常管理和各种会议里。那样的机构不会给我太多做事的空间,他们也不需要太创新的人,因为他们不缺患者。而在这样一个尊重市场规律的机构,就有机会走品牌化、高端化、差异化的道路,弄出很有特色的东西。

"我们的目标是整合技术和资源,争取上市。我不搞科研,是因为我不能五十岁的时候还在天天写论文,虽然我现在还有研究论文的习惯。"

## 三

我说:"怪不得采购负责人让我一定要来和你见见,你果然不是一般人,非常有见地,对很多事情想得特别透彻。前些天,我在知识星球看到有人分享了一个观点,说是有一些资产下跌幅度不大,上涨的幅度却很大。比如某省会城市的房价,阴跌五年,也才跌了10%左右,而一旦上涨成趋势,能连续翻两三倍,甚至更多;另外一些资产,上涨幅度不大,一旦下跌,一跌到底。

"我见过一个搞干细胞的集团副总裁,也是一位女性,他们公司在中国香港上市,服务对象都是精英阶层。他们公司的产品是针剂,一个月打一针。他们有一个对手,是走口服路线的。十年前,她就知道这家公司了,但是没在意,也没把对方放在眼里。现在发现,对方不仅不受疫情影响,还能把价格降得很低,占领了很大一部分市场。

"副总裁见我,是想交流一下如何降低营销成本、提高联结效率,如何在新形势下开发内地市场。我说,当年乙肝抗病毒药物刚取得重大突破的时候,就有两条技术路线:一条是走口服技术路线,患者每天吃一粒;另一条是走针剂技术路线,患者每周打一针。在医疗行业,除了要考虑疗效、价格等问题,还要考虑一个因素——医从性[①]。很多患者的病,只要坚持治疗,就能控制症状,就能像正常人一样生活,为啥就是治不好?除了部分患者的自律性不

---

[①] 医从性:医疗术语,指患者对医生的信任及配合程度。

强之外，还有一点，就是产品的设计本身就不利于医从性，在这一点上，口服比打针就有优势。

"即使检验科的样本都是通过采血取得，难度系数也是采动脉血大于采静脉血大于采指尖血，每降低一个难度系数，样本量就会飙升，收入也会飙升。很多公司，从一开始选择发展路径的时候，就判断失误了。你选择走针剂路线，招了一批人来研究针剂，招的人越多，买的设备越多，就越难回头。这和职业选择、赛道选择，道理是一样的。

"每到一个选择的时间点，都不要瞎选，不要为了一时的名，一点额外的利，每个月多赚几千块，就把前途出卖了。"

主任笑着说："之前来拜访我的，有很多做业务的，像你这么能说的，的确是少见，期待未来有机会合作。"

人生是由一个个选择组成的，选错了赛道，会很辛苦的。

# 第三章

## 认清形势,掌握底层逻辑

# 没到内卷的时候，发现黄金的路径

## 一

我是一个很怕麻烦的人。在家里，有一个要求就是不要吵架，什么事都可以谈，但不要吵架。

我也很不愿意和别人争抢。在工作上，这些年接手的几乎都是别人不要的区域。

从十几年前做销售开始，拿的区域都是别人不要的，要么是客户彻底被得罪了，要么就是一块蛮荒之地，没有任何产品，就是让我来填坑的。

为什么我每一次都能做出成绩来？就是因为自由，这么烂的坑，可以自由发挥，想怎么折腾就怎么折腾，没人看着没人管。

而每一次所负责的区域做得差不多了，就会有人来评头论足，你这个路子太野了，这个方法不合适，这个不符合流程……

最后都是我毕恭毕敬地把区域让出来。

为什么我甘愿一次次放弃自己辛苦打造起来的区域呢？

第一，我特别明白，每个人都有自己的命。有的人适合攻城略地，有的人适合占山为王，这两种人的风格，本来就不一样，而我属于前者。

第二，当别人贪图稳定，有良好的渠道，每年坐享几十万收入的时候，我探索的是边界——更辽阔的疆域在哪里。我不要赚现在的钱，而是要赚未来的钱。整个医疗行业，风口太多了，能赚钱的行业和打法太多了，没有必要墨守成规，在某个岗位上沾沾自喜。

## 二

当大家在 A 领域焦头烂额的时候，我在上海把 B 领域的产品几乎做到了垄断地位。

几年前，一个客户买了一款产品用在陌生领域，我追到她的办公室，让她给我介绍应用场景，逼着客户给我写 PPT，从此开辟了一个每年千万级别的市场。

当别人在一个市场连续几年打不开局面的时候，把它交到我手里，我一年就能让它翻数倍。

当集团对县域等基层市场进行摸索的时候，我选择用自媒体的方式，把当地厉害的经销商都找出来，进行联结。

有一天，又有陌生的客户要买产品用于某个陌生领域，我跟客户说："我卖的不是一个产品，我卖的是一种模式、一套打法，这一切都是全新的，你有空来上海和我聊聊吧，我带你一年多赚几百万。"

电话里，对方的声音都激动了："我挂了电话，加你微信，咱们好好聊,从长计议。"

而这所有的新兴领域,都是别人看不到的,都是别人认为不可能存在机会的,甚至你和他说了这事能成,对方仍然觉得你是骗子。

为什么有的人的世界越玩越辽阔,要有的人的工作越做越逼仄?

最大的问题,就是好奇心和想象力。

《棋经十三篇》里说:"善胜者不争,善阵者不战。善战者不败,善败者不乱。"

当别人都觉得增长乏力、陷入内卷的时候,我们满眼放光,看到的全是机会。我们和你们争什么?你们玩去吧。

但是,不是每个人都有从头来过的勇气。没有开疆拓土的能力,就等着岁月这把杀猪刀,来慢慢"杀"你吧。

岁月静好,是会反噬的。

## 三

在知识星球里,有读者问我赚钱的路径。

我回答他:"关于赚钱,你仔细研究一下我的文章,要从前往后看,不要从后往前看,很多内容,我把自己的思考过程几乎全部都写到了。比如,不要轻易炒股,要好好买房。"

读者提到看好稀土,我说:"以稀土为例,我从来没有见过稀土,也不知道稀土是什么,各位读者的水平,应该跟我差不多。除非你是稀土行业的,否则,你对稀土的所有认知,都来自网上的信息。而网上的信息，很多都是假的、错的、漏洞百出的，是障眼法，是为了达到某个目的而发布的。即使是那些行业报告、上市公司公告，一个比一个专业，条理清晰，有图文，有表格，但是很可能也是有目的地编造出来的。我之所以看好医疗，是因为我就在医疗行业里，我亲眼看到造富效应，我知道生意是怎么回事。我也能看到老龄化人口结构和经济发展对医疗的正向影响，机遇是站在医疗行业这一边的。我看到优质城市的房产，是因为我自己买过，我自己研究了好多年。无论是医疗还是房产，都是我的亲身经历，我没有赚过任何一分侥幸的钱，我不打牌、不赌博、不买股票，我赚的每一分钱，都是努力得来的。涨，我知道是怎么涨的；跌，我知道是怎么跌的。这样的资产属性，我说未来身家能过一个亿，就能过一个亿，甚至我连时间点都能大概算出来。如果你想赚钱，尽量把你所做的工作、把你真正懂的东西商品化向外扩展，逐步加大联结。用你掌握的、熟悉的东西为别人创造价值，财富自然就来了。"

# 看一眼真实的世界

## 一

最近,我和老板在部分地区招经销商。

作为一个在国际和国内都非常强势的品牌,我们的招商其实是很简单的。

大老板亲自招商,可不可以?

当然可以,而且效果肯定非常好,立马就能找到很多合作者。

但是,然后呢?

后续这些经销商的日常工作,还是要交给当地的销售来负责跟进,底下的人配合不配合,这就不知道了。

老板亲自招来的合作伙伴,交到销售手里,存活的概率可能更低,这就是真实世界的一个缩影。具体原因,你们自己去想。

所以,老板亲自招商的主要目的,是为了进一步扩大覆盖面,他只能推动下面的业务经理去增加经销商渠道。

但是,我和很多自媒体大V沟通过,还有一些厂家也在我这里投过招商广告。这种招商方式,在不同的公司,甚至同一个公司的不同区域，效果差异极大，甚至是天壤之别。

有一些区域，你给他十个意向客户，他能做成三四个，每一个都能成交几百万的生意。

有一些区域，你给他十个意向客户，他一个都做不成，甚至会报告老板，这些方式招的商都不行，效果非常差，以后别这样干了。

你说，哪一种情况更接近真实的世界？

有的区域招商，是骨子里真的想要扩大覆盖面，真的想做生意，真的想改变。所以，每一个潜在的合作伙伴，他都会很真诚地去联系，去帮扶，扶对方上马，再送一程。

而有的区域招商，只是在作秀，是做给老板看的，"你看，我尽力了，活动都搞了，钱也花了，一个都做不成，没有合适的"。

几年忙下来，局面几乎丝毫未变，现实版的诸侯割据。

## 二

这一天早上，我和老板一起去某市的生物岛，跟国内一家头部医疗公司的老板谈项目合作。

这家公司一年营收五十多亿，有两栋硕大无比的办公楼。

在会议室里，老板还没到，我就和负责采购的副总聊，问他们公司的发展历程。

副总介绍说："老板从做代理商起步，觉得只做代理没有技术含量，就出国考察，在新加坡研究出了这个模式，回国进行了复制，现在是国内头部之一。"

开完会后，对方兴趣很大，约我们下次再来做一次产品培训。

我和老板下楼打车，准备去茶馆和同事开会聊下一步计划。

我在车上就在想，整个行业的生意模式，大多不需要创新。人们只看到了互联网公司把国外模式拿到国内复制一遍就能崛起，其实在其他领域，包括医疗行业，也是这样。

如果我把"把国外模式拿到国内复制"写成"Copy To China"，这样的表达岂不是更简洁？其实不然，但凡你的体量大了以后，你就要考虑产品的传播性。

你想好好做生意，好好做联结，就不能装高端，不能动不动就写英文，不能在名字里有生僻字。因为大多数人不认识英文，看不懂生僻字。

有个读者在知识星球里看到我的行程，约我见面，我答应了，然后去搜他的名字，发现三个字里有两个不认识，搜都没法搜，更是记不住。这种人一看就是孤芳自赏，没打算好好跟别人交流，更没打算跟别人联结。

在这个世界上，每往前走一小步，都会淘汰很多人，这是必然的。

比如，在我的知识星球里有很多付费用户，但真正做了自我介绍、主动做联结的人，我也没去统计，只是抽空看了几眼，肯定不超过一半。

众所周知，往前走一步，肯定是能获益、能赚钱的，肯定能让你的世界变得更大，但是仍然有很多人止步不前。

如果各位不理解，我再举一个极小的例子。

在我的微信公众号每一篇文章的末尾，我都留下了我的个人微信，只要扫一下二维码，不用验证立马就能添加好友，我只要点一下"同意"就可以了。二维码挂了一年，到目前为止，也只加了一万多人。

大多数人迈不出这一步，明明知道我有很多读者，我应该能赚很多钱，加了我，只有好处，没有坏处。就是这么扫一下，就能淘汰很多人，这就是真实的世界。很多财富之门都是虚掩着的，只是看着厚重而已，没有上锁，却没几个人上前去推一把试试。

话说回来，有一些读者扫了我，当我点"同意"的时候，却发现还需要再去添加他作为好友，也就是还要经过他的同意。遇到这种人，通常我就放弃了。

所以，要做联结的，就不要设置什么障碍。

哲学上有个奥卡姆剃刀原理，基本内容就是"如无必要，勿增实体"，去除那些无用的、有的没的，讲究的是简单有效。那么，在真实的世界里又如何呢？

几乎所有的公司，在刚开始的时候，都是遵循简单有效的原理，实事求是，效率至上。但是，做着做着，规模越做越大，内部就越来越复杂，条条框框就越来越多，逐步出现"大公司病"的症状，直到彻底崩盘。

一个公司也是一个有机体，如果不重视自身的免疫系统，不能经常反思、净化、简化，就会异化、腐化，最后死掉。

以我对医学的粗浅理解，什么是良性肿瘤？就是它清晰地知道，为了长期存活，自己要克制，手不能伸得太长，不能把宿主弄死。而什么是恶性肿瘤？就是不知节制，拼命扩张，自己肆意繁殖，直到把宿主弄死。

很多公司，有时候明明已经发现长了"恶性肿瘤"，但是为时已晚，切除也来不及了，组织的惯性太大，谁都改变不了局面，结局只有一个，就是死。

这就是真实的世界。不是不知道谁是"肿瘤细胞"，而是你明明知道，却无能为力。

## 三

在车里，我回望渐行渐远的那两栋楼，那里面现在人才济济，当年却是一片废墟。

我和老板说："国内的医疗公司，这几年崛起得太快了，我们正在见证一个超级厉害的黄金时代。"

老板说："这一切才刚刚开始，就像你说的，这是医疗黄金二十年，才刚刚拉开序幕。"

我想，这就是所谓的"势"，英雄要顺势而为。

现在，全国顶尖高校的毕业生都愿意去华为，以进入华为为荣。但是，二十年前，甚至十年前，都不是这样的。大多数优秀毕业生的首选是思科这样的外企。只有二流院校的毕业生，才会去华为这样的民企。

同样的故事，在阿里巴巴和环球资源的竞争中，以及淘宝和易趣的竞争中也发生过。

黄渤说过："红了之后，身边遇到的全都是好人。"

当我们弱小的时候，就别指望别人对我们多好，因为我们不配。

当我们弱小的时候，如果别人仍然对我们怀有善意，仍然对我们好，我们一定要明白，这不是因为我们优秀，而是因为对方优秀。

# 要成事，就不要随大流

遇过很多人和事之后，我就会琢磨背后有没有相似的规律。如果结果相似，其背后的逻辑是什么，我们怎样才能玩得更好。不要去追随那些玩不好的大流，随大流是赚不到钱的。

## 一

经常有读者找我，特别热情地问我："达叔，你有读者群吗？你建一个吧，让我们好好交流。"

在很长一段时间里，我都没怎么搭理。

为什么？

因为群的运营需要极高的技巧，除非是八卦群，否则聊着聊着，也就成了八卦群，就像我说的不要参加五个人以上的聚餐一样。成员一多，群很快就废了，要么吵架、相互攻击，要么静悄悄地死掉，最后沦为广告群。

到目前为止，只有一个读者提出了一个比较好玩的玩法，我也见过这种玩法：

1.限制名额：把群成员的数量限制在500个以内。

2.价格策略：入群资格明码标价，前100名的入群费用为每人100元，每增加100人，入群费用每人上涨100元。

名额满了以后，允许交易、退出、转让，也就是说，100元买的入群资格可以卖到500元。如果这个群真的有价值，很多人想要进来，有了二级市场，500元买的，可以卖给愿意出价1 000元的。

这个游戏，能玩吗？

如果这个群能提供非常高的价值，能让大家赚到更多的钱，联结到更多的人，有更多的潜在利益，那就能玩。否则，就玩不了。

一个小小的微信群，也可以金融化、证券化，变成一个价值百万的项目。如果你没想清楚，没这个能力，没那个IP价值，建那么多广告群是没太大意义的，徒添烦恼，耗费精力。

## 二

刚入医疗行业的时候，我有个朋友在惠氏公司。那一年，惠氏公司被辉瑞制药并购了。那几年，辉瑞如日中天，极其强势。

那时候，我非常年轻，对朋友说："你们完蛋了，辉瑞那帮家伙非常血腥，肯定要'动'你们了。"

朋友说："你觉得有没有一种可能，就是辉瑞那帮人可能要倒霉了，我们要过去'动'他们了呢？"

我听完觉得很震惊,还能这样吗?

果然,后来,惠氏老大当了辉瑞的头儿,然后惠氏的人"动"了一遍辉瑞的人。

这大概是十年前的事了。我从小在书本上看了很多商业故事,这件事犹如当头一棒,把我打醒了。在真实的世界里,一切都不是理所当然的,都有另一种可能。

这一天上午,我和老板一起去希尔顿酒店,在花园咖啡馆见客户。

对方公司被某顶尖财团并购了,财团手里有上千家医院,都是我们的目标客户。按照常理,这上千家医院,不就是我们的囊中之物吗?

事实上,这两年忙下来,我们没有享受到任何有利政策。

我一直苦苦思索这是为什么,是这帮家伙不作为,还是另有原因?

直到我遇到了另一个财团分管采购的副总,他是我的读者,带了一个朋友来和我吃饭,替我解开了这个谜团。

我说:"你们旗下有医院,有做试剂、药品、设备的公司,数量庞杂,左手倒右手,小日子过得太舒服了。"

副总嘿嘿笑道:"事实可能恰好相反,就是因为这些公司是一个集团的,很多事情反而不方便做。真正操作起来,很多生意都不是和集团内部的人做,而是和外部的人做。

"除非是重大项目,上面硬推的,否则,该怎么样就怎么样,和自己集团的人做反而更难办。"

我们和对方从上午十一点一直聊到下午一点多，饭都没吃，差点饿晕了，把所有关系梳理清楚，才知道我们之前浪费了很多时间。

仗不是这么打的，不能想当然。

所以，各位想一想自己的公司，对你们公司威胁最大的，不是外部的竞争者，而是来自公司的内斗。

## 三

在我的知识星球里，很多地方的读者已经开始以"达叔经济学"的名义开展线下活动了。

我问了个别参加活动的朋友："有收获吗？"

朋友说："不仅有收获，而且还是巨大的收获，颠覆了我的认知。之前三十多年，完全白活了。我要是早点认识这些人，我的收入可能翻十倍。"

这就是认知带来的财富量级变化，也是我说的，能带你变富的人，往往不是你身边的熟人，而是远方的、和你产生弱联结的人。

为什么有的人财富增长速度快？就是因为他们在不断地跳出原来的圈层，去寻找新的打法，效率更高。

但是，到目前为止，我没有参加过任何一场线下活动，虽然个别活动在宣传文案上动了点小心思，弄得好像我参加了一样。

为什么不参加？

因为人数太多了。如果前期大家只是相互认识一下，相互联结，当然没问题，但是如果想要深入交流，真的想要做一些事情，我有以下几点建议：

1.把聚会规模变小，最多十个人，不能再多了。

2.把聚会主题确认清楚，不能漫无目的地瞎吹，要维持秩序，不能跑题。

3.把参会人员的身份提前亮明，审核清楚。

4.所有参会人员要做好分享的准备，不能只是来学习，学习和做事之间，还有很长一段路。

5.不能录音，尽量不要拍照。赚钱的门道，只能关起门来说。

6.要收费。谁组织，谁收费，以此来做初步筛选，否则以后没有人会组织这样的活动，也没有良好的效果，最后走不远。

为什么要这么玩？

因为这个行业太赚钱了。

除非你有隐性背景，让大家来摆个展台、赞助之类的，那还可以勉强维持。

如果你想搞观点分享、未来判断、财富之道，那肯定搞不长久。

搞大了，一堆手机、摄像机对着你，分分钟就能毁掉你。没有人会那么傻，苦口婆心，冒那么大风险跟你掏心掏肺。

## 让自己的人生永远有选择

如果不掏心掏肺，一水儿的套路，说些华丽的空话，流于形式，这样的活动参加两次，就没人愿意去了。

## 四

我能感觉到很多读者对我的喜爱，其中有一个读者特别热情，逢人就推荐我，只要对方稍微和医疗行业搭点边，她就会说："你们医疗行业有个网红，叫达叔，你可一定要认识一下。"然后呢？对方差点把她拉黑了，觉得她是个骗子。这个小姑娘特别无辜地跑来跟我说："对不住啊，没有推荐成功。"

还有一个读者，他向另一个大V讲解知识星球是如何崛起的，被对方拒绝，也很无辜，给我发信息。

关于这个问题，我统一回应一下：大家对我的好意，我已经深深地感受到了，但是，你们不用向不熟的人推荐我。如果对方不认可我，更不用努力去证明什么。每个人的认知不一样，你不可能说服对方，即使说服了，你又得不到什么，何必呢？只是为了证明你是对的？有这个时间，可以跟自己的亲人、朋友分享沟通，在内部形成同盟。

我们阅读图书，看似是为了陶冶情操，其实是为了降低沟通成本，塑造"想象的共同体"。

比如，我说到李白，你就知道他是一个酷爱喝酒和旅行的唐朝诗人；我说到潘金莲，你也知道她是什么样的人。

你关注达叔，是为了和达叔一起慢慢变富。

向外和别人产生弱联结，找到愿意帮你的人，打开新世界，这是变富的手段；向内把家族混乱的思想逐渐统一起来，把家人团结起来，找到共同目标，有钱出钱，有力出力，这也是变富的手段。

要看我是怎么思考的，怎么玩出新花样的，怎么投资的，怎么联结的，我分享的经历和案例对你的工作有没有什么帮助。

除此之外，不要奢望说服任何人，否则既赚不到钱，还给自己找气受。

# 不要做那些一眼就能看懂的事

一

能力和忠诚，哪个更重要？

关于这个问题，我年轻的时候几乎没有想过，第一次严肃认真地思考它是在几年前，在某位主任的办公室里，主任很严肃地问我。

我随口就给出了一个答案，这个答案是本能的反应。

对方乐呵呵地看着我，说了一句："你再想想。"

过了很长一段时间，有一次，我和这位主任吃完饭，散步的时候又探讨起了这个问题。

这是我的第一次开窍。虽说是开窍，但心中仍然有一团乌云，那些厉害的创业者会不会是例外？

最近这一年，我通过这个微信公众号联结到了更多的人，见识到了更大的世界，知道那些顶尖投资人看人当然也看能力，不过只是把能力当成一个基础，更重要的是看这个人可不可靠。人的这张脸、这个名字，是有信用记录的，你的信用积分越高，越能降低交易成本，越容易成功。

过来见我的人当中，有一个是搞金融支付环节的。这个人是富二代，他的父辈是个体户。他的时间很自由，赚过很多钱，最后还是被 P2P 金融收割了，一口气亏了三百万。他去维权，然后又被二次收割，又亏了十万。

不要轻易踏入一个你不懂的行业，那里处处都是暗礁和镰刀。永远是资深玩家收割外行。

很多想要从事医疗行业的人来找我，我一看隔行很远，就劝退了，原因有两个：

1. 你现在什么都不懂，很容易被收割。虽然我不舍得收割你，但是会有别人来收割你，导致你几十万、几百万的货压在手里。

2. 如果没有人带你，你很难摸清门路，要交很多学费。因为即使你看到别人赚了钱，你也不知道他们是怎么赚的。有的行业，你看一眼就懂了；有的行业，即使把逻辑给你讲清楚，你想要去做，也会发现根本就没法入手。这就是行业壁垒。

这个搞金融支付环节的人做得很不错。我给他讲了医疗行业的操作模式，这种模式可以让他的规模翻几倍，而且更稳定。我前一天讲完，他第二天就去执行了。

这个人肯定能发财，有执行力，敢冒风险，唯一吃亏的就是他接触过的行业太少,而且他对这个行业的了解不够深。

别人和你讲道理,而我和你讲我观察到的世界,每一个小故事,都是可以验证的。

比如,2020年6月6日,我写了一篇文章,里面讲了一个故事。我送女儿去上英语课,我跟店长说:"你这个生意不是个好生意,要尽快转行。因为这个生意模式,我看一眼就懂了,你要是真的赚钱,就会引来大批的竞争者,迅速就把毛利干下来了。"

有一次,出差前,我送孩子去跳舞,路过那家英语培训机构,它已经关门了。

当时距离我写那篇文章,不到一年。

## 二

有一个读者,是开城市民宿的。他和我说:"你这个观点非常对。你猜我们这个城市里那个著名的连锁餐饮店,净利率是多少?上次我和他们老板吃饭才知道,只有四五个百分点的利润率,太惨了。我们行业还能达到30%左右呢。"

我说:"那是因为你们这个行业刚起步没多久,你们最后也会是这样的结果,这几年的利润率肯定会持续下滑。"

他很震惊地说:"你咋知道?"

我说:"因为从本质上来看,你们行业没什么技术壁垒,都是看一眼就能懂的生意。只要赚钱,你就会忍不住拉你的亲戚朋友一起来搞,一传开,就会有大量的人拥进来,直到把蓝海变成红海。"

他很焦虑地说:"那你说咋办?"

我说:"每个行业产品的生命周期是不同的。星哥举过一个例子,比如在互联网领域,三年的时间,一场战役就结束了。千团大战、支付战争都是这么玩的。起得快,死得也快。但是,在医疗行业就不是这样的,我们集团有一款产品,从发明、上市到现在,已经在全球卖了二十多年,不更新,也不换代,就这么硬卖,每年的增长率还不低。这个现象特殊吗?一点儿都不特殊。一种药、一台诊断设备、一件器械、一种耗材,从上市到生命周期结束,二三十年很正常。拜耳的阿司匹林,是从1899年开始卖的,到现在都卖一百多年了,销量丝毫没有衰退的迹象。"

## 三

我说过,做销售、做业务、做生意,本质上都是一样的,都是拿时间换空间,再拿空间换时间,最重要的是控制节奏。

就像你小时候在外面捣蛋,欺负其他小朋友,被对方家长追到家了,你爸妈的本能反应是什么?狠狠地把你揍一顿,手高高举起,啪啪落下,声音怎么响就怎么打,一边打一边骂。你说这是爱你,还是真的打你?如果人家追到家里,你爸妈还不赶紧揍你,那么你很可能会在校园门口被对方家长揍一顿。

你爸妈揍你,他们会掌握好尺度和节奏,不会真的往死里打你。

在投资领域,有很多类似的现象。

不要静止地看问题,要动态地看。不要被表象所迷惑,忘记了财富之路。这也是大多数人都看不懂的生意,因为他们只看到了表象。

### 让自己的人生永远有选择

## 换一种做法，财富规模成倍翻

某天，我见了几批潜在客户，都很有意思。有的人，想得特别多，特别宏大，愿意承担风险；有的人，想得特别少，特别简单，觉得安全最重要。

最后见的这个人，在日月光的露天餐厅吃饭，留着络腮胡子，梳了个小辫子，是一个医疗公司的老板，长得像艺术家。

我问："你这个公司，开了几年？"

"艺术家"说："开了八年了。"

我说："厉害啊，单靠卖设备，几乎没有耗材，能活八年，算是很罕见了。你知道中国的民营企业平均寿命是多少年吗？"

旁边的小姑娘特别有文化，抢答说："十多年？"

我说："你去网上查一下，多个口径统计，都是三年左右。"

小姑娘和对面的"艺术家"一脸难以置信的样子。

你可以不相信我说的话，但你要相信统计数据，这才是世界的真相。

举个例子，大家都在说贫穷。但凡你能看到的人，都不是穷人，哪怕他在城市里捡垃圾、乞讨、扫地、擦玻璃，都不是最穷的。在网上哭爹喊娘说自己穷的，更不是真正的穷人。我是从最底层爬上来的，见过真正的穷人，漫山遍野的穷，那种穷是无声无息的。

当普通人看到网上卖的山寨彩电 399 元一台，底下还有一堆好评时，会觉得很魔幻，认为是刷单。

这就是典型的有文化没见识。

大多数人都被困在世界的一个小角落。你看对高瓴资本张磊的采访，他刚毕业时，全国各地出差，坐绿皮火车，跋山涉水。后来，他不认命，又去学习，搞了投资，他说自己的风格，和自己早年对世界的观察有很大关系，他知道自己赚的是什么钱。

一

这天上午第一个见的，是某医疗基金公司的老板，是通过一个投资人认识的。

这个投资人在北京，是医疗诊断行业的老前辈。他说他有一个朋友在上海开了一家诊断公司。

我问："做哪块的？"

投资人说："做 POCT 的。"

我问："一级商，还是二级商？"

投资人说："二级商。"

我说："做二级商，风险还是有点大，如果一级商变卦，或者厂家瞎搞，很容易受伤。"

## 让自己的人生永远有选择

投资人说:"他认识他们华东大区经理,厂家的业务经理很靠谱,合作一两年了,没坑过人,叫×××。"

我说:"我就是×××,但是我不认识你说的这个人。"

三个人一见面,原来这位基金公司的老板(以下简称"基金老板")是在幕后的,业务经理我很熟,帮我们做过很多单子,合作得很顺畅。

我感慨,圈子太小了,口碑是多么重要,如果我干了乱七八糟的事,那就尴尬了。

我问:"你搞金融的,又做票据业务,又做基金业务,还搞餐饮投资,你折腾医疗干啥?"

基金老板说:"票据业务是我目前最稳妥的一块业务,能做到保底8%的收益,但都是熟人生意,也做不大。搞餐饮,有两块业务。一块是搞小品牌的餐饮连锁,早期介入,做标准化,我有能力把它从十家店做到一百家店,后续再引入资本,继续扩张,新资本接盘,我退出。当然,有餐饮老大哥带我玩。另一块就是承包食堂,去产业园拿地,承包机关食堂、国企食堂、产业园食堂业务,这块业务现金流稳定,除此之外,更重要的是物业增值。我能早期介入,拿到便宜的物业。"

我说:"在全球五百强公司里,有一家餐饮公司叫索迪斯,是全球最大的餐饮公司之一。这个公司就是承包食堂业务的,很多医院、工厂、学校、政府部门的食堂,都是他们公司承包的。

"我一直反对个人去开饭店,如果你身边有人一定要搞,我就建议去搞食堂，里面的玩法太多了。各种补贴，客源稳定，进销存可预测、可量化等，是一门好生意。要是把承包食堂都搞砸了，那真是没做生意的天赋，好好打工吧。"

我问："你不搞股票吗？"

基金老板说："三次熔断那年，我逃过一劫，没亏大钱，却在前年栽了跟头。股市风险太高了，在金融市场里，我算是小玩家，风浪一来，就容易翻船，黑吃黑的事太多了。我对生意更感兴趣，我想搞点实在的，选来选去，就选了医疗行业，恰巧就碰上了你，也看好医疗行业黄金二十年，准备找你一起好好做生意。"

## 二

我说："你是搞金融的，进入医疗行业，有没有弄清楚最终要赚哪一种钱？第一种是倒买倒卖，做经销商，赚产品的钱，这种钱就是搞代理，搞客户关系，把产品变现，客户关系变现。"

基金老板说："有一些朋友正在给我介绍客户，我正在积累这方面的资源，其中只有一部分人，气场比较匹配。"

我说："那就对了，没有人能搞定所有的客户，弱水三千只取一瓢饮，就够了，关键是这个瓢要足够大。比如，你遇到的是中层管理人员，你介绍个几十万的产品，那是合适的；如果你见到的是高层管理人员，也聊这个那就废了，你要聊整体解决方案，比如我给你讲的那套管理软件。一旦搞定，既帮高层管理人员搞定信息化管理，又给他带来了一年几百万的业务流水，生意的配对不能搞错了。"

基金老板很激动，说："我以前总觉得没找到产品，现在我懂了，豁然开朗。"

我说："这只是第一步，你可以做，但对你来说，这不是你最擅长的打法，你可以有更高级的打法。"

基金老板说："你说说。"

我说："你要分析整个医疗行业正在发生哪些变化，其中哪些变化是客户的痛点。你解决了这个痛点，生意自然就来了。

"痛点是什么？是年轻人外流，被上海、南京、苏州等强势城市吸走，老年人都留在本地，年轻人都外流了，当地医保压力很大。

"你仔细去看一些原本的公立医院，那些医院都有可能在进行民营化改革。你去问问医院领导，你有没有机会参与到这个改革中去，就像几十年前国企改革一样，会造就一批富人。"

基金老板说："我去研究一下。"

我说："除此之外，你还有一种打法。你去结识一批专家，他们在各自领域都很优秀，你的思路要开阔，不能只想着在他们手里做点生意。你要看到更大的生意机会，商业模式要升级。

"很长一段时间，无论大病小病患者都往三级医院跑，造成极大的医疗资源浪费，大医院就应该是看大病的。资源一错配，对所有的患者都是一个灾难。

"疫情发生之后，国家在严肃认真地补短板，除了药品集采等改革加速，还做了一件事，就是加强基层医疗卫生服务能力建设，推进分级诊疗。国家卫健委提出，到2025年，全国至少一千家县医院达到三级医院医疗服务能力水平。这是多么难得的生意机会，经过这一轮发展，整个中国的医疗服务体系布局就完成升级了。

"意大利的佛罗伦萨市，只有近四十万人口。日本的大阪有多少人口？三百万左右，大阪是仅次于东京的日本第二大人口城市。而我国百万人口大县就有近一百个。

"这些数据，大多数人完全不知道。医疗行业的生意和两个方面有强关联，一个是经济，一个是人口。你应该把这些专家往邻近省份的市级单位带，往县级单位带，帮他们打开新的世界。

"原来的很多公立医院，只有内科、外科。现在很多医院都开始出现80后做院长了，这些人要的不仅是赚钱，还要谋求更全面的发展。早期的老代理商完全不能满足新一代院长的战略规划。你要把专家带过去，搞特色科室，搞特色医院，这才是最好的出路，才能让你的资源实现最大程度的变现。

"所有环节的人都会感激你，这才是大生意，是生产要素的重新组合，你起的作用是联结、整合、解决信任。"

一看时间到两点了，我还约了其他人，准备撤了。基金老板起身送到门口，依依惜别，约我下次再聊。

## 积累不到财富就算了，为什么还总被骗

一

同事负责的某省薄弱区域还有两三个地级市一直没找到特别合适的渠道进行覆盖。

前些天，我问："马上年底了，有进展吗？"

同事说："现在有两个潜在的经销商，谈了几次，都还在摇摆，你要不要过来帮个忙？"

于是，我就背着小包，去看看是什么情况。

选择合作者，一般看两方面，一个是意愿，另一个是能力。

这两方面，不能凭嘴说，也不能凭感觉。很多书籍里，道理太多，数据太少，理论一个比一个玄，听着都很有道理，却不能拿来衡量，不实用。如果能够做成一个分析报告，就实用多了。

比如，如何衡量意愿？

不能只看对方拍胸脯拍得有多响，要看他帮你招了几个人，投入了多少资源。

我经常说："某个企业家厉害，但不帮我做生意，那再厉害和我

又有什么关系呢？"

如何衡量能力？要看公司营收有多少，掌握了多少终端客户资源，等等。

合作的意愿肯定是越强烈越好，但对方的能力是不是越强越好？未必。

要看生意的匹配度。

有很多厂家的销售选合作伙伴时，一味地慕强、追强，以为把产品交给当地最大的经销商，就可以过舒服日子了。

我遇到过很多这样的竞争对手，都被我摁着打，没有一个有还手之力。

不动脑子，图省事。赚钱的事情，哪有省事的？愚昧。

要想发挥出最佳的战斗力，不仅要评估潜在经销商，更要评估自身能力和自己的产品定位。

评估自身能力是指要评估自己的管理和协调能力，这决定了你能不能有效管理市场，建立游戏规则。

如果能，那就多增加渠道，在区域内形成竞争局面。

如果不能，面对经销商之间打架，完全控制不住局面，那还是量力而行，别弄得那么复杂，少几个渠道比较好。否则，外面的对手还没开打，内战就能把自己打崩溃了。

评估完自身能力，还要评估自己手里的产品定位。

为什么能力很强的经销商，也不适合代理我负责的产品？因为生意规模不匹配。

能力很强、规模非常大的经销商，生意都做到几个亿了。和厂家一样，也都是职业经理人制度，大家也都是打工的，很多人还是混日子的。

我负责产品的前期，一年也就一千万元的营收，努力几年才能做到三四千万元的营收。十五年过去了，全国也只有几个营收能做过亿的。

在营收过亿的大经销商那里，我前期那点生意连个零头都算不上，抢不到大经销商内部优秀的人，也抢不到它内部强大的资源。对方不重视你，你也就没啥好日子过。

## 二

路上，我让同事给我介绍一下我们要见的经销商。

同事说："他是这个公司的副总，也是我的大学同学，大三、大四我们是一个宿舍的，由他牵线认识的他老板。我这个同学，能力一般，他老板在部分地区有些资源。我同学的合作意愿很高，但是他老板要是不点头，也没用。"

我问："你来过几次？"

同事说："来过两三次。"

我问："有给我们报过意向单子吗？"

同事说："有。但是前期工作都不是他做的，参数挂出来了，他才来报，所以都没给他做。"

我问："这个公司的生意规模现在有多大？"

同事说:"不清楚,他老板有好几个公司,药品、耗材、IVD,什么项目都做,我同学只在里面负责一块,算是一个小合伙人,具体规模有多大,我也不清楚。"

我问:"见了几次,你觉得合作不成功的原因是什么?"

同事说:"前几次来,是我刚入职的时候,对产品和市场都不熟悉,没讲清楚。"

我说:"这可能只是表象,更重要的是,没有建立起信任。一般做业务比较杂的人,都被社会毒打过,被人骗是少不了的。这些老板被人骗过,那都是几十万、上百万的损失。那个副总是你的同学,你说得越起劲,你俩就越可疑,他老板就越谨慎,何况你还说不清产品和市场,谈不成是必然的。他老板需要更多的信息和背书。"

车到了,我和同事背着小包下车。

## 三

上楼,递名片,握手,落座,倒茶,寒暄。

这时是早上十点。

老板姓张,四十多岁,看着挺富态,不怒自威的样子,看面相,酒量挺好。

张总说:"过一会儿有事,咱们只能聊半个小时,十一点前要去见客户。"

我说:"好。"

副总和我同事相互寒暄，聊大学情谊，聊合肥房价，聊安徽GDP（国内生产总值），然后从GDP聊到人口和医疗的关系，终于切入了正题。

我就在旁边喝茶，乐呵呵地看他们神侃。

张总也不太说话，气氛慢慢起来了。

我就问："张总是哪一年入行做医疗的？"

张总双手摸了摸皱巴巴的脸，说："2005年入行的。"

我问："现在生意做多大了？破亿了没？"

张总连忙摆手："没有，哪有那个命，现在只有两千多万。"

我心里一沉："张总说笑了，不可能只做这么点生意。这十五年在医疗行业，凭你的能力，到现在如果真的只做到两千多万，那肯定是走了很多弯路，没少被人骗吧？"

注意，直到这时，我都是用了技巧聊天的。

我们和任何人聊天，不要只聊自己感兴趣的话题，更不要天天吹自己的产品。

在引起对方的兴趣之前，讲自己的产品有多好多好，是没有意义的，要学会问问题，多问，少说，让对方多说。

怎样让对方多说？

1.不放过任何一个机会夸对方。

比如明明做了十五年，才做到两千多万，很差。你还是要夸对方能力强，做不好不是他的问题，是被别人骗了。

大多数人,即使混得再差,也不会认为是自己的问题,而是归因于时运不济、命运多舛,都是别人的问题。

你夸他,他就觉得相见恨晚,遇到知己了。

2.通过提问,把话题引向对方熟悉的领域。

你干巴巴地聊自己的产品,对方听得一脸蒙,完全插不上嘴,听一会儿就烦了。

对方听不懂,就会觉得你讲得太无聊。

但你关心他的过往,问他的成长史,夸他,他就会滔滔不绝,敞开心扉,感觉终于遇到一个人愿意听他吹牛了。

聊到这里,张总的话匣子打开了,开始聊自己的发家史,代理了多少个产品,药品有哪些,耗材有哪些牌子,一边说一边举例子,他的仓库里还有几十万的货,是啥牌子来着?

张总一巴掌拍在脑袋上,想不起来了。

这场面,我也是第一次见,一个老板自己仓库里堆着几十万的货,居然忘了是啥牌子。

这么玩,不亏钱才怪。

## 四

我说:"张总,医疗生意有两种做法:第一种是围绕着产品做,代理一两个主要产品，公司围绕着产品铺市场；第二种是围绕着客户做，搞定一些客户，客户要啥，就提供啥。如果没猜错的话，你肯定是第二种，对不对？"

张总说："对。"

我说："那就好理解了，做了十五年，营收在原地打转，甚至还不如之前的一些年份，对吗？"

张总说："是的，我最高一年做过近六千万的生意。"

我说："这就是围绕客户模式的弊端，客户的生意起起伏伏，你的生意也起起伏伏。客户为了你好，什么生意都交给你做，你对很多产品都不熟悉，要么拿不到授权，要么拿不到好的价格，要么做不好售后服务，甚至还可能被骗。很多时候白忙活，赚不到钱，生意之间没有积累，还浪费了时间。我给你讲一个故事可以吗？"

张总说："好。"

我说："我在上海有个经销商老板 S 总，一年生意大概做八千万元，主营业务是呼吸机和部分 IVD，在上海算是比较有头有脸的人了。两年前，发生了一件事。有一天，S 总接到一个客户的电话，是一位设备科主任，平时有一些生意往来，说给他介绍个生意，买呼吸机。他很开心，要了电话，赶紧去对接。一打电话，对方要采购一批呼吸机作为储备，预算二十万。S 总一听很开心，觉得能赚钱，可以做，约了第二天上午十一点去对方办公室见面。

"第二天，他准时到了，一打电话，对方接了，传来开会的声音，对方低声说正在开会，让他到对面的咖啡厅等一下。等了大约四十五分钟，这个人从大院里面走了出来。落座，一番沟通后，双方各自的分成都谈好了。具体操作按流程来，预算是内部拨款，不用走招标流程，自己操作就可以了，短快平。S总非常开心，回去准备材料。第二天，对方的人又来电话问，除了呼吸机，还有一款产品S总那边有没有，把品牌和型号都报过来了，预算三十万，说能操作的，就打个包一起搞定，项目比较急，S总是设备科主任介绍的，应该比较可靠，就不再找别人了。做过生意的老油条都知道，遇到生意机会，即使手里没有，也会说有，先答应了再去找。S总拍着胸脯说，他和厂家很熟，能搞到，放心。放下电话，打开电脑找到官网，一问价格，设备十二万。和预算前后相差十八万，顿时就心动了。但是货源紧张，要先款后货。筹划了几天，又联系了几次，S总激动了，合同一签，下单购买了十二万的那个设备，然后等着对方打款交货。

"过了一周，没动静。电话打过去打不通了，S总慌了，去问，回答是没这个人，也没这个项目。S总说：'不可能。'给对方的人看合同，原来合同和章都是假的。S总赶紧给设备科主任打电话，问：'采购呼吸机的那个人你熟吗？'设备科主任说：'不熟，有一天上午给我打电话，说他想买呼吸机，让我给推荐一下，咱们俩这么熟，我就把生意推给你了。怎么样，做成了吗？'S总窝火、沮丧却又无奈，讪讪地挂了电话。他中招了，对方是高手。"

我和张总聊到这里，聊高兴了，快到十一点了。

张总出去打了个电话，回来说："出门的事取消了，大家再坐一会儿。"然后就开始诉苦，自己的产品是怎么丢标的，怎么被骗的，怎么压了一堆库存的，客户给的生意，根本就不赚钱，也得硬着头皮去做。

张总问："您有什么建议？"

我说："模式要尝试着改变，从围绕个别客户转，变成围绕核心产品转。"

我给张总介绍，挑产品，要注意以下几个事项：

第一，产品必须有明确的应用场景，是刚需产品。以前有些万金油的产品，利润空间高，但未来肯定没出路。赚钱虽然重要，但产品真的对临床有帮助才是出路。

第二，尽量去做一线品牌。如果有的选，尽量和强者站在一起。因为在自由竞争的市场经济里，能杀出重围挤进一线的，肯定有独门秘籍。势能一旦打出来了，强者越强，弱者越弱。不要产生救世主的虚妄感，总想凭一己之力，力挽狂澜，救人于水火。要让产品带着你飞，而不是你带着产品飞。

第三，厂家的管理层要尽量稳定。管理层的稳定，代表着稳定的政策、稳定的预期、稳定的战略方向。

一个公司天天内斗、摇摆，战略与目标不清晰，没有稳定的预期，没有人敢投入，因为人们害怕有今天没明天。

中国市场瞬息万变，一动摇，所有的生意机会都会错过。

即使你短期内是某个管理层动荡的受益者，最后下场也不会好到哪里去。

要相信规则，不要相信人。

第四，要选好赛道。医疗行业的产品太多了，如果你看不清方向，根本不知道选什么产品好，我有一招，你就看这个集团里头部玩家在做什么？推荐一个公司，叫×××，它从20世纪80年代起步，有非常牛的战略投资部，每年看两百个公司，慢慢选，对这些公司可能会考察跟踪十几年，然后下手，只选其中不到5%的公司进行并购。这帮专业的人几十亿、上百亿美金地投入，肯定是有理由的。具体理由，我们不知道，但是跟着做，肯定不会差到哪里去。

张总喝了口茶，说："真有道理。要是早点遇到你就好了，满足这几点的，有啥产品推荐吗？"

我说："有啊。我们公司的产品，完美符合。"

我们四个人都笑了。

张总说："绕了一个多小时，原来在这里等着呢？那你介绍一下你们公司的产品。"

我简单说了一点，然后说："产品细节对张总你来说不那么重要，你要是想做，把你的销售都召集起来，咱们再培训。否则，只给你讲，没意义，你平时又不跑单子，讲了也白讲。今天和你聊了半天，如果你能把赛道改善一下，以后肯定前途无量。"

张总要留我和同事吃饭。我说："过会儿还要开会，得赶紧回去，等有合作了，再吃不迟。"

回去的路上，我问同事："你觉得怎么样？"

同事说："你太会说服人了。"

我说:"这种老板十几年的职业惯性很难转变,如果赛道不转变,聊产品是没意义的,对我们来说是鸡肋,只能报单做一些业务,没法覆盖成片的区域。"

人是很难改变的,有些人,思维模式不变,一辈子就是赚不到钱,还经常受骗。

## 赢钱当然重要，能带得走更重要

一

某天，出来给潜在合作者做销售培训，培训完，坐在一起喝茶聊天。

合作者问："你这种风格的销售培训，是你们公司教的，还是你自己摸索出来的？在外企里很罕见。"

我说："我自己瞎摸索的，我对外企、国企、民企啥的，没太多概念，我觉得有效才是最重要的。每次参加培训，尤其是新的培训，我都会拿个小本子记下来：某年某月某日，我参加某个培训，我的感受是怎样的。记住，是感受。

"为什么？因为我以后给别人培训，下面坐着的听众，也可能有这些感受，如果连我都听不懂，只能记住一点点，那就别费劲讲太深奥的了。一次培训搞定一个知识点，带走一条有用的信息就够了。不要贪多，要增加培训频率，玩高频，多花时间慢慢熬，这才符合成年人的记忆曲线。培训一次放出去实践，一周之后回来复盘，第二轮再加一个知识点，再放出去实践，如此往复，搞几个月，就学会了。"

合作者说："那你岂不是花了很多时间，不累吗？"

我说："赚钱哪有不累的？我是一个毫无背景的农村人，在原始积累阶段，用辛苦和时间就能换到钱，那是我的幸运。而且我这套打法，哪怕我告诉我的对手，他也学不会，很大的原因就在于，他不愿意付出这样的努力，也不愿意花时间慢慢熬。

"我每年培养一两个能打的合作伙伴，突破一个新的增长点，六年时间，一个大区就能彻底大变样，能全方位吊打所有的对手。如果对手想和我一样厉害，他就得有同样的战略耐心和坚决执行的意志力，而这些恰恰是市场上的人最缺少的。

"我一旦进入一个领域，无论是新兴市场，还是投资领域，我一定要把这个领域彻底研究透，成为专家，我才安心。所以我在医疗行业赚钱，投资房产赚钱，做自媒体做联结也赚钱，我有信心慢慢变富。"

合作者说："你的这些话，要是早些年跟我说，我根本不会搭理你，但是被社会毒打一顿之后，我是你坚定的支持者。我给你分享一个故事。"

我说："好。"

## 二

合作者说："我是学医的，但是当医生太苦，我想学人家做生意，就出来自己做。一开始没有做医疗生意，不好意思求老师同学做事，就搞一些贸易生意，经常要去火车站、汽车站等物流集散地。有一年，我在火车站旁边等车，看到一圈人围着在玩扑克牌。规则是这样的：三张牌，一张黑桃 A 和两张杂牌，随便扔在地上，从三张牌里找出黑桃 A 就算赢。一堆人围着押宝，赔率是 1∶1。"

我说："我在影视剧里看过类似这样的骗局，发牌的人是出千大师，能换牌。一共三张牌，你就是看到了，他也能通过快动作把牌换掉，和魔术的原理一样。"

合作者说："对，有个赌客看到那张牌之后，眼睛不离开，伸出手摁住牌，再下注，庄家有点慌，连输了几把。人群就沸腾了，旁边的看客纷纷掏钱，要跟着那个赌客，赌注提高到了 100 块，结果一开牌，都输了。"

我笑着问："那个赌客是庄家的托，对吗？前面都是表演。"

合作者说："你太聪明了。我看得多了，慢慢发现有一些赢钱的人是托，有一些输钱要打架的人也是托，目的是吸引更多的人来围观。"

我说："看懂规则和玩法不是最重要的，懂得如何通过这个游戏赚到钱，那才是真的厉害，否则，就是口嗨。"

合作者："你说得太对了。我把这个套路告诉我老婆，她是学经济学和数学的，她给我出了一个主意，让我拿 100 块钱去验证一下她的方案能不能赚钱。"

我笑着说："你老婆是女中豪杰，还有让老公去赌博的。"

合作者说："她知道我不喜欢赌博，只是验证着玩，当作一个经济学实验。"

我问："那你赢钱的方法是什么？"

合作者说："一个游戏里，一定有一个庄家，还有一些托，他们是一伙的。他们赚的钱，都是他们吸引来的'韭菜'的钱。只要我识别出谁是'韭菜'，谁是托，就有机会赢钱。当一个游戏里只有庄家和托的时候，就没有必要参与。"

我说："因为他们不是在赌钱，而是在表演。无论托是赢钱还是输钱，都是表演，没有意义。"

合作者说："对。一旦有个路人，作为新鲜'韭菜'入场，'韭菜'下单，他下10块钱，我就下5块。我的策略有两条：一是永远比'韭菜'少；二是永远和'韭菜'不一样。这样，庄家每次为了赢'韭菜'10块钱，就容易被我赚走5块钱。他如果选择输，就得和我一起输，我的利益和庄家绑定了。庄家赢'韭菜'，我分走庄家的一些钱。"

我说："但是一共三张牌，即使'韭菜'选错，还有两张，你也不一定能百分百选对。"

合作者说："对，但是庄家的主要目标是赚'韭菜'的那10块钱，他的假动作都是冲着那里去的，对我有两个好处：一是我赢的概率从本来的33%提高到了50%；二是他有了新的目标，他的眼睛和手的配合，都是冲着那个'韭菜'去的，防范我就少了。对我来说，他的速度就慢了，我赢的概率可以提高到90%以上。"

我问："那你最终赚了多少钱？"

合作者说:"赚个屁,赢了几轮,都是小钱。刚下了一把大的,一个土豪下了1 000块,我跟着下了500块,心想可以干一票大的。后面的人喊了一嗓子,大家回头时,地上摆摊的布和里面所有的钱和牌全部被卷走了。庄家翻脸了,我的本金和我赢的钱,全部都被卷走了。"

## 三

我哈哈大笑,大腿都快拍肿了,问:"回家挨老婆打没?"

合作者说:"没有,我老婆说我的策略有问题,太贪心了。"

我问:"怎么说?"

合作者说:"我老婆的分析是,庄家看似赢了10块钱,但是那10块钱不是他拿走的,他有很多成本。比如,支付给请来的托的成本,他自己的时间成本,遇到野蛮赌客的成本,这些全是风险,也都是成本。而我上去就抽人家50%,把庄家变成给我打工的了,我比庄家赚得还多,这是庄家不能容忍的,所以庄家要翻脸,用游戏规则解决不了我,只能废掉规则,掀桌子,改成直接抢了。"

我问:"难道你老婆还有更优的策略?"

合作者说:"对。要是她在场,她的策略是,'韭菜'下10块,我们只下1块;'韭菜'下100块,我们只下10块钱。让庄家赢钱,让庄家赢大钱,我们即使看懂了游戏,也不要抽庄家太多的钱。因为秩序是有成本的,我们要想赚钱,就需要庄家继续维持这个秩序。庄家愿意继续摆摊,继续按照这个游戏规则玩,我也不用研究新的玩法,慢慢跟着赚就可以了。你看这个故事,和你写的那些生意心得在底层逻辑上是相同的。"

## 你死里逃生最大的感想是什么

这次到成都出差,主要是参加全国最大的宠物医疗年会,这个年会的注册参会人数有一万两千人左右。

和同事见了相关业务的合作伙伴,感慨很多。我们正在见证一个黄金年代,一个新的赛道徐徐拉开序幕,资本、人才、技术、市场正在蜂拥而至。

正在场馆里逛展,有个很年轻的读者,做药的,跑来见我。

我问:"以前你想象过宠物医疗的市场这么庞大吗?"

做药的说:"完全没想过,太震撼了。"

我指着场馆内的各个展厅,说:"这里面有很多品牌,都是最近几年才成立的,甚至有几个比较大的,是今年才成立的。而且,我们见到的这些公司几年之后就会上市,我们见到的这些人,再过几年就会身家过亿,去股票市场敲钟。如果谁说现在是内卷的时代,我连正眼都不会看他一眼;如果谁说这个时代没有机会,那他可能就是眼界有问题。机会太多了,你要是不想努力,不想赚钱,不要跟风说没机会,这样会暴露智商。整个医疗行业新一轮的大航海时代,才刚刚开始。"

## 一

昨天早上，刚起床，收到一个读者的信息：

> 坐标成都，从事医疗行业二十四年了，主营检验。一直关注你的公众号，你的观点能引起我的共鸣，希望你到成都时能坐下一起喝茶聊聊。关于行业现状、投资、人文、沿海和内陆的行业差距等都可以聊。
>
> 达叔天演论某读者

我吓了一跳，因为我没说我到成都了。

我习惯先把正事忙完，再开始寻找一些潜在的合作机会。我告诉这个读者："我下午去天府新区那边，忙完看看有没有机会见。"

对方发来一个定位，说在这边等。

下午三点，我带着同事赶到了。

对方是一个非常有气质的女老板，一顿寒暄介绍，原来她还是我们的二级代理商，做了我们好多的业务。

我问："我们的产品如何？"

女老板说："非常好，第一品牌，达叔做的产品都是最好的。"

我问："你做医疗行业这么久了，怎么没做大？只做了几千万的业务。"

女老板说："我在同行里面，算是起步早的，但是我一个女孩子，没有太大的事业心，一半时间在国内，一半时间在伦敦。"

然后，她开始讲自己的故事。

一个女孩子，学语言的，误打误撞进入医疗行业，1998年左右去了杭州做药品生意。

原来在成都，一个月八百元，算是高收入了，去了杭州，第一个月就赚了四千多元，她大为震撼。

1998年，杭州市中心的房价是每平方米四千到六千元，外围区域的房价是每平方米两千元。

后来药品慢慢集采，不好做了，她就回到成都，开始搞器械和诊断试剂，一直不温不火，每年做几千万元的生意，而身边的朋友，有事业心的，做到一两个亿的都有。

我问："你这么有钱，又有文化，咋爱看我的文章？"

女老板说："因为你不端着，不装，说的都是和我们相关的事。在整个行业里，大多数人都把事情搞得太神秘了，而你很坦荡，这很不容易。"

我问："你一年有一半的时间在伦敦，是因为孩子的教育吗？"

女老板笑了："你咋知道？"

我说："一般不在国内好好做业务的，都是为了孩子的教育，否则，谁跑出去受那个罪，肯定还是国内好玩。"

女老板说："是的，国内的教育竞争太激烈，我看到你也开始为女儿的教育焦虑了。我想了想，我们四川是人口大省，你是江苏的，你同事是山东的，这几个地方高考的难度都很大，想考个清华、北大啥的，基本没戏，于是我把孩子弄到伦敦去读书，就轻松多了嘛！条条大路通罗马，而有的人就生在罗马。"

关于教育，我们聊了很多。

同事后来说："达叔，跟着你混，能赚多少钱不知道，但是真的长见识。我对这个世界太没想象力了，照这么想，我努力奋斗，我的孩子竟然还有机会去读牛津、剑桥。"

## 二

我们聊医疗，聊人口，聊观念、技术、理念，聊从国外到沿海再到内陆的滞后性。

如果能看到这个滞后性，就能利用这个时间差来赚钱。关键是，你的眼界有这么开阔吗？

很多时候，赚钱就是赚时间差、信息差所带来的利润。我们来到，我们看到，我们才能赚到。

女老板问："你来成都干啥来了？"

我说："宠物医疗大会在成都举办，上万人参加，我来见经销商。"接着，我介绍了一下整个行业的玩法。

女老板开心坏了，说："我在英国就看到那边的宠物医院特别赚钱。我自己公司旁边就有一个宠物第三方检测中心，我还特别好奇他们是怎么玩的。"

然后，我们聊经济发展、人口老龄化、"Z世代"以及由此催生出来的陪伴经济，单单宠物猫一项，就彻底拯救了整个宠物医疗行业。而宠物医疗的黄金时代还没有到来，过几年才会真正大爆发。

我感慨道：“你整个人的精神状态非常好，积极向上，你是八几年的？”

女老板笑了：“我比你大多了，不告诉你，我给你分享一个我自己的故事。三年前，我得了肺炎，没有及时就医，最后引发重度肺部感染导致休克，在华西医院躺了快半年。各种专家会诊，各种抗生素用上，都效果甚微，差点就挂了。托关系想用直升机转诊去北京协和或者上海华山，结果评估下来，连医院门都出不了，一出门就会死。医生都劝我的家人算了吧，再这么治下去，要人财两空了。但是我的家人没有放弃我，他们一直陪伴着我，继续坚持治疗，加上我自己也有求生欲，竟然奇迹般生还了。”

我问：“一共花了多少钱？”

女老板说：“两三百万。”

我问：“你现在是重获新生，最大的感慨是什么？”

女老板说：“珍惜生命之类的话，肯定不用多说了。我们都这么俗，但是我觉得一定要努力赚钱。如果我的家庭年收入是十来万元，那么亲人再亲，也不可能毫无希望地烧钱耗下去。医生一劝，很可能就放弃了，不可能花到两三百万等待最后的奇迹。”

## 三

我说：“除了钱，还有一个重点，就是你幸好生活在成都，幸好有华西医院。大多数人觉得大城市辛苦，大城市竞争激烈，大城市房价贵，其实贵的背后是更好的资源。如果你在小地方，就算你愿

## 让自己的人生永远有选择

意花两百万也没用,很可能还是治不好。优质的医生、药品、技术、设备,这些都是稀缺的,而且都是按城市等级层层递减的。"

全球平均寿命最长的地方是最发达的那几个头部城市。哪里最发达,哪里的人的平均寿命就最长,两者之间呈强正相关性。

聊天临近结束,我问:"你接下来有什么规划?"

女老板说:"我最近想去阿拉斯加看冰川,我还没去看过,想找机会去看看。"

过一会儿,女老板要去见客户,先离开了。

我和同事在茶馆继续喝茶,吃点水果。

我问同事:"你来成都,坐的也是南航的飞机吗?"

同事说:"是的。"

我问:"能看电影吗?"

同事说:"可以。"

我说:"你回去的时候,先别看电影,看一下屏幕上的电子地图,不停地缩小,旋转一下地球,看看这个地球上,有多少个国家、城市你没去过。"

我们活一趟,要玩得尽兴,趁着年轻多赚点钱,带着孩子出去逛逛,也要去伦敦,也要去看阿拉斯加的冰川。

当别人和你只谈文艺的时候,我让你别玩虚的,赶紧奋斗赚钱,关键时刻能救命。

# 第四章

## 靠近强者，让自己有更多可能

# 和优秀的人在一起

上午见了个姑娘,是我们医疗行业的,很有能量,是搞 AED(自动体外除颤器)的,有一定投资背景和关系。

我问:"你找我干啥?"

姑娘说:"看你的文章,咱俩价值观挺一致的。我以前在互联网行业也赚了一些钱,但是觉得对社会的贡献不大,没什么意义,就跑到医疗行业了。

"前几年搞投资并购,也赚了点钱,但是觉得手里的抓手不踏实,就想要自己搞个公司。上来就在张江高科那边租了一间两百多平方米的办公室,招了一些旧部和靠谱的人,结果碰上疫情了,啥业务也干不了,每个月几十万的支出,直接干黄了。"

我问:"那你搞 AED,即使赢了大单子,卖了上千台,几千万的机器,后面没耗材,是不是也很被动?"

姑娘说:"是的,所以我要见一下你,我在上海没什么基础,刚来几年,很多关系都在隔壁几个省,看看有没有机会。"

我接了一个电话,挂掉后,惋惜地对她说:"刚才这个姑娘,和你差不多大。你辗转各地做了两三个行业,她选好一个好行业——

IVD，盯着打，同样是十几年，积累远远比你多。"

为了把这个行业讲清楚，讲了半天，一看时间，有点来不及了，就给姑娘发了一些资料，约下次再聊。

我要赶回公司。

一

公司楼下。

我遇到了前老板，开心坏了，问："吃饭了没？"

老板说："没，一起吃？"

我说："好。你从IVD行业跑到生命科学那边，是不是跑偏了？"

老板说："你这个家伙，没文化，就知道自己的一亩三分地。你看我们集团目前几百亿美金，每次出手都在买什么？"

我说："看到了，最近每次都在买生命科学领域的公司。"

老板说："那就对了，医疗行业最近这几年各种折腾、赚了钱的公司，你看他们把钱投向了哪里？投向了机器研发，向上游迈进，掌握原材料，再出息的都在加强科研，或者投资科研。我们这边的货，订单都排到明年了，业绩是靠产能决定的，和你们销售一点关系没有。"

我立马就蔫了，本来还想炫耀一下，结果对面的世界更优秀，又被开了一次眼界。

老板问："你那个自媒体，做得咋样了？"

我说："当年我要拉着你一起做，咱俩一正一邪，你负责正，我负责邪,结果你太懒,不肯一起做。现在我读者××万多了。"

老板很惊讶:"我走的时候,应该才×万多,进步很快嘛。"

我说:"每个月都会增加很多读者,我开了个知识星球,来了很多人,这些人大多对我很好。"

老板说:"这么多人对你这种自我要求很高的人好,是不是把你绑架得不好意思作恶了?"

我说:"是的,连发个广告都有点不好意思,觉得对不住人家,所以我又在知识星球里搞了一个微天使投资的活动。给他们流量,给他们钱,帮助他们一起变富,我每个月投一个,已经投两个了。一个是老陈,搞医疗培训的;一个是心理医生,三甲医院的,在苏州。未来还有很多,到时和你说。"

老板问:"那你还有心思工作吗?"

我说:"要不是我自己开过三个公司,我可能就被百万级别的钱给诱惑住了,可能早就离职了。但是,我显然比以前更勤奋了,我看到了更辽阔的世界、更有意思的打法。如果前几年你认识我的时候,我的勤奋度是十级的话,现在我的勤奋度又提高了几个等级。"

老板问:"为什么?"

我说:"因为我不想对不起这个时代,也不想浪费我手里的流量。我现在年轻,不早点布局、早做准备,以后会很被动的。"

老板问:"你布局个啥?"

我说:"带他们进 IVD,一起做生意,帮助他们慢慢变富,给他们找有意思的赛道,相互了解、磨合。很多人辞职去创业是被动的，是没有准备的，甚至一些合伙人都是哥们儿、朋友，没有拿任何项目测试过。结果呢？感情很好，一旦一起做事，就黄了，事情搞砸了，友情也没了。

"大多数人都是口头革命派，喝酒吹牛都是一套一套的，在公司打工，觉得特别委屈，仿佛公司对不住他似的。一旦动真的，出去干了，立马就被社会捶扁了，满眼都是困难，满嘴都是放弃，一年不到，就怀念打工的舒坦日子了。

"所以，要筛选出能打的、坚韧的，遇到困难和利益不会相互捅刀子的人，这是很难的。比如，我上午见的姑娘，她之所以能上升得很快，就是通过了一个民企老板的金钱测试和忠诚度测试。

"故意给你小项目，给你一笔钱，给你一定的漏洞，看你能不能扛得住，经得起查，如果很干净，这个人就能用。很多人以为自己占了便宜，特别开心，以为神不知鬼不觉，但是前途就没了。甚至都没有人告诉他，到底发生了什么。"

## 二

前几天，我接了一个读者的广告，是关于赴港落户搞教育移民的。我和她说："我很少接广告，我接的基本上是我的读者或朋友的广告。文案你自己写，我审核一下。"结果弄好了，发出去一个多小时，阅读量两千多的时候，出事了。

有一个微信公众号的作者十一点多来找我，说我这篇文章侵权了，大段大段地抄他的文章。说完，发了两篇文章给我，让我看一下,然后发来语音,让我赶紧删了,否则要报警了。

我回复他:"稍等,我核实一下。"就把截图发给广告主,问她这篇文章是从哪儿来的,有没有得到授权。

这个作者随后又发来了几段语音,情绪很激动,大意就是:你侵权了,要尽快删除,现在删了,我不追究你,到此为止;如果不删,我要发文警告你了。我又把文章看了一遍,是有一定的重复,广告主也没回我,我就先删了,然后和对方说已经删了。

结果过了几分钟,对方发表了一篇文章,说"达叔经济学"涉嫌抄袭,大家警惕这个骗子。这一下把我整蒙了。

我就想问问这个作者,信息刚发过去,就显示我已经被删除了。我这是遇到大奇葩了。

但是,我心想,也可能是我们这边没搞好,犯错在先。我以为此事就此翻篇了。

结果第二天,更大的逆转开始了。对方原本删了我,早上又把我加回来了,继续追问:"广告主是谁?把对方姓名、微信号发给我,我要报警。你给我,我就不牵扯你了。"

又过了一个小时,对方给我发了信息:"事情到此为止,没事了。"

又过了一会儿,广告主发来信息说:"达叔,对不住,这是一个天大的误会。"广告主的合伙人之前取得了文章的授权,是可以发的,双方是合作关系,但是没讲清楚投放渠道,结果就这样了。广告主给我发来一堆的资料,有身份证,有授权书,有合作方案等,证明只是沟通没到位。

我说:"我倒是无所谓,但是我劝你不要和这样的人合作。情绪不稳定,对自己的利益极其看重,谁碰他一下,他就往死里咬,没有任何契约精神。这种人有一定的自毁倾向。你和这样的人合作,就是在压路机前捡硬币,你想着赚钱,他想着要把你弄死。

"一起赚钱,一切顺利还好,一旦遇到困难或者利益受损,他立马会把你弄出去祭旗。能真正伤害到你的,往往不是你的敌人,而是你身边的人,因为他知道你的软肋,这是你暴露给他的。

"在大组织里也是一样,能当上中层,业务能力都是得到验证的,否则你也上不来。下一步要验证的,是忠诚度、可信度,至少不能是一个自私的、对组织有恶意的人。

"而验证是需要时间的,需要通过一个个项目去磨合,这才是最高的壁垒。每个人的心里能装下多少人,都是有限的。超过限度,就不会再给你机会了。"

# 多交往聪明且有雄心的人

## 一

我说过,可以通过一些方法,让你每年多赚几万、几十万,甚至一百万。

听着是不是很兴奋?

但是,即使把这些我亲自操作过的方法打印出来,交到一百个人的手里,不出意外,还是有九十个人赚不到钱,或者赚得很少。

为什么?因为学习的方法不对。

我是学财经的,误打误撞进入了医疗行业。刚入行的时候,开始学习各种产品知识,那些化学名让我感到很吃力,后来接触到的各种 IVD 诊断原理,学起来更是吃力。

也就是说,我在医疗行业工作,专业是不对口的。别人在医学院、生物系花了四五年甚至更长的时间把这些知识都学得很扎实了,而我之前,都在学怎么赚钱。

那我该怎么办?

每一次培训,我都积极参加。学完之后,我就拼命地出去讲,出去练习。

别人一个季度可能只讲一次，我每周至少讲一次，给经销商讲，给客户讲，不停地练习。即使讲砸了，也继续讲。

说到底，很多该吃的苦，该走的路，每一步都少不了。

近期，我们团队招了六个新销售，用了费曼学习法，这些销售的第一轮培训是学习产品知识，第二轮培训是自己先上去讲。上午每个人讲半小时，讲完之后，下午再开始新的培训。

只坐在下面听培训，是极其低效的。人坐在那里，心早就不知道飞到哪里去了，只有自己研究透，讲出来，才是自己的。如果你不会讲，那就站在那里，在众目睽睽之下把PPT上的字念出来，念半个小时，记得也比坐着听要更深刻。当你连PPT都讲不明白，讲得很烂，看到别人上去讲，你才知道，原来是这么个意思，前后逻辑是这样子的，你才会珍惜别人的逻辑、别人的讲解，自己没摔倒过，就不会珍惜别人帮你填的坑。

## 二

我说过，要不断提高自己联结人群的能力，尽早尽快剔除那些消耗你精力的人。

分享几个小例子，给大家开一下脑洞。

在一场年会上，我碰到了好几个经销商老板，也碰到了一些表情神秘的同事。

他们拉着我的手说："我是你的读者，你每天早点写，不看完，我睡不着。"

只有其中一个来找我,说:"我准备在你的文章底部投个贴片广告,是招销售的。"

我问:"为什么?"

他说:"我们这些小公司,招人特别难,招聘发出去,简历都收不到多少,而投了简历的人,质量参差不齐,很多都是歪瓜裂枣。你每天写的文章都是教人赚钱的,教人努力奋斗的,还写得特别长。能坚持看完的,都是被文章筛选过的人。这批人肯定是有赚钱欲望的,是积极上进的,而且是对医疗行业充满向往的,否则,早就把你取关了。你的文章就是最好的筛选器。"

第二天,就有另一个读者老板投了一个文末贴片广告,是创业公司招人的。

很多人看了我的文章来夸我,也有一些读者在后台留言教育我,不过这些都不重要。

夸你的、骂你的,都不重要,重要的是那些懂你的人,你要把他们筛选出来。

我写过自己的往事,撕开自己小时候的贫苦和苦难给大家看,富人家的孩子是理解不了的。只有那些出身贫寒、聪明能干、充满野心的人,才会联结我。在某个夜深人静的夜晚,在千里之外,有一个人抱着手机,跟我一起痛哭,感叹命运的眷顾。

但是,还有另外一些人,就很有意思了。比如,有读者反馈贴片广告的效果:123个人加他好友,41个人主动找他私聊,4个人成交。私聊的都是发一份资料过去,成交的几乎都没什么废话,问得多的,反而都没有下文了。

这就是商业世界,是真实世界的一部分。

在管理学里,有一个 Funnel 管理,也就是销售漏斗管理。如何使用这个漏斗,如何更高效地使用、优化、改善,进一步提高效率,这才是我们每天应该要思考的问题。

格力集团董事长董明珠有一句话:"不要和太磨叽的人交易,他们太过于优柔寡断,患得患失,你无论怎么对他,都觉得吃亏!一个人如果在试探你,超过三次,你就放弃他!他不是拖累自己,而是拖累别人;他不是没钱,而是没胆!"

我们能做的,就是离这些人远一点,再远一点,不要被他们拖累。

# 为什么很多战略合作都没什么意义

一

我要是在家不出差的话，每天早上都要早起送孩子上学。

除了让达姊多睡一会儿，更重要的是，我想多陪陪女儿，一路上还能聊聊天。

这天早上，由于要出差，我迅速起床，女儿很困，但也挣扎着起来了。她有点咳嗽，但还是喝了牛奶、吃了鸡蛋，赶着去上学。

在路上，我问她："你要是真的太困了，以后就多睡一会儿，要是感觉身体不舒服，就让妈妈给你请个假。为什么每天早上明明不想起，还坚持爬起来去上学？"

女儿说："虽然我想多睡一会儿，但是我觉得上学更重要。"

这句话，从别的人嘴里说出来，我觉得平平无奇，但是，从这么小的女儿嘴里说出来，还是很让我感动。

有些人，一辈子都在"我要、我要，我全都要"，却没想过要为之付出些什么。

无论你要什么，都是有代价的。

比如，有人到了想要升职加薪的时候，才想起自己平时业绩不好，英语不好，但你让他平时好好努力，练练英语，他是做不到的。为什么？因为暂时用不到。出去玩一玩，不是挺开心的吗？干吗受那个罪？

书到用时方恨少。每次都是等到要付出代价来换某个结果的时候，他才一拍大腿："天哪，我还没准备好。"

郭德纲说过一个段子，说乞丐没有早起的，因为但凡早起，就不至于沦为乞丐。

很多事情，都是互为因果的，我们不能由着性子来。

比如，我写这篇文章的时候，明明很累了，没必要再写这一篇了，但是说好坚持的，就尽量别失信。

那么小的姑娘都知道哪个更重要。前进都是痛苦的，躺倒最舒服。

关键是，躺倒也不赚钱。

## 二

最近，好多公司在和其他公司签战略合作协议，经常还都是大公司之间签。

有朋友问我："这事你咋看？"

我一脸嫌弃地说："很不看好。"

为啥？因为我看过太多所谓的战略合作，都是两个公司的市场部或者高层领导之间的自嗨，出来拍个照，搞个新闻发布会，除此之外，一般都没啥用。高层领导把战略协议签完，中下层员工刷着手机，看着新闻，马照跑，舞照跳，最后不了了之，一事无成。

这些年，我自己做的项目多了，就大概明白，调动一个组织的优质资源，太难了。组织越大，优质的资源，优秀的人才，财务的政策，内部的战略，全都会聚焦在这个公司的主航道上。

我经常说："战略如果摇摆不定，高层如果争论不休，下面的员工是彻底糊涂的，根本就不知道该干什么。"

特别是，高层之间不能相互否定。

我在总部开过一次会，市场部的老大和物流部的老大，两个聪慧至极的男人，围绕着某个话题吵了起来。

我听了一会儿，就拍桌子了，为啥？

因为以我的智商，两个人说的都有道理，按照哪条路走，感觉都是对的，那还吵个什么？别吵了。两个策略可能都对，只要去执行，都能成功，但争吵个没完，这事就黄了。万一不对呢？再改就是了。对不对，不能只靠逻辑推理，要在实践中去检验，你又不是造核弹，有啥不能试试的？

这些聪明人吵起来，把手下那些执行的人的脑子都给吵乱了。

执行的人，很多时候就靠一个信念，坚持着去做。就像军队募兵一样，但凡能打的军队，都不会招太个人主义的人，为啥？因为容易乱想，执行得不彻底。

每个领导都来一个想法，那这事铁定完蛋，砸多少资源都没戏。

三

签战略协议，还有一个很大的潜在原因，就是想偷懒。

对别人的意愿和能力，抱有不切实际的幻想。

对方可能真的有能力，战斗力爆表，但是，人家战斗力爆表，是干自己的事情。你得掂量掂量，他能拿出几分力气来帮你，很可能就是相互利用一下，没几个是真心的。甚至很多时候，就是高层领导见个面，吃个饭，聊开心了，一拍脑袋说"搞个战略合作吧"，然后就签了。

这么搞的，一点用都没有。因为公司上下还没有形成共识，各自贡献多少力量，做了能获得多少利益，主营业务和战略异业合作，员工各承担多少，做成了奖励多少，干不成有啥惩罚等，一系列关乎利益的事，全都没讲清楚。

底层的员工，没几个人能理解所谓的战略，大家能理解的就是你们这个钱投到哪个方向，往哪儿投能赚更多的钱。就这么简单，别说那些虚头巴脑的。但凡没把利益讲清楚的战略，就没几个能搞成的，全都是自娱自乐的行为艺术。

比如，很多公司高层出席的超级大会议，和院长签了个战略合作协议，给了极低的折扣。很有排场吧？结果销量明显往下掉，被对手打得满地找牙。越是这么搞，销量跌得越厉害。

因为下面真正干活的人，根本不吃你这一套，你只搞定老大，有什么用？

很多公司的人，特别浮躁，今天去和这个公司签个战略合作，明天去和那个公司签个战略合作。

你签了一堆废纸回去，双方的大区经理认可吗？地区经理认可吗？一线销售认可吗？如果都不认可，就是抽屉里多了一堆没用的纸。

所以，别总想着占便宜，别人还想着占你的便宜呢。一轮下来，你不吃亏就不错了，没几个能占到便宜的。

最好的方式，就是自己苦练内功，把自己的事情办好，眼睛别天天瞄着别人，指望别人来帮你。

如果真有人来帮你了，那是你命好。

一线销售相互合作，搞定一些单子，这样的情况是有很多，但是都和战略合作没什么关系，都是基于个体利益而相互合作。

谈理想，谈宏大蓝图的，往往没几个办成的。

什么是好的战略？就是你去仔细研究市场，看看市场上有哪些自发形成的结队同盟，把他们的共性提炼出来，从下往上推广，比拍脑门签战略合作协议更容易获得成功。

很多人以为一件事没搞成，没啥问题。其实问题很大。你损失的不仅仅是这件事，更重要的是，你损失了时间，损失了机会窗口。同样的精力和资源，你要是干别的，说不定就干成了。这才是你真正的损失，这就叫作机会成本。

史玉柱说过，什么叫人才，别整那些虚的，就是你交给他一件事，他办成了，再给一件事，他又办成了。这就叫人才。

人对了，事就对了。

事不对，就想想是不是要换人试试。

别总想着自己要搞个大新闻，闭门造车，拍脑袋是拍不出啥好主意的。

## 僵化是强者的宿命，灵活只是弱者的无奈

一

我们集团是外资企业，有一天，集团请来某民企副总做交流，内容讲得非常好，用的案例还是他们公司和我们集团内部某公司的对比。

外企规模更大、起步更早，却在一些方面被赶超、被领先，感觉再过几年，就要被贴身追着打了。

被对手当面批评僵化，所有中国区的外企高级职业经理人掌声雷动。这种自发的掌声，是一种对自身僵化困境的共鸣，如果不是由外人来把这层窗户纸捅破，每次开会都是歌功颂德、粉饰太平。

没有任何一个内部人会在公司大会上把事情说得这么赤裸裸。大多数人只是说一些"通过艰苦努力，取得了一些成就"之类的话。

这些成就，对个人来说可能是巨大的，但和市场同行相比，就可能显得微不足道了。

但是，这是这些中国区职业经理人的问题吗？

这就是外企职业经理人面对日新月异、发展迅猛的中国市场刻

骨铭心的记忆。

但是，如果我只是抱怨老外对中国区的不信任，那就没意思了，我会尝试能不能再挖得深一些。

是真的对中国区这些职业经理人不信任，还是对世界各国的职业经理人都不信任？

我们作为中国人，不要有任何委屈感，因为这种全球性大公司的僵化，不是针对任何一个国家，而是针对所有人。

如果我们能想到这一层，就该问："为什么？是因为这帮人蠢吗？"

能在世界五百强公司做全球CEO（首席执行官）、VP（副总裁），你要是觉得他们蠢，那得荒唐成啥样？

既然如此，那这个僵化的局面，很可能就是理性的结果。

一个小公司，靠着灵活、创新、不断迭代、勇于挑战，击溃巨头，化身成一个新的巨头。然后，为了稳定、安全、可控、增长，不断加强内部管理，会议越来越多，审批越来越长，最终也变成了一个僵化的公司。

学过管理学的都知道，伴随着物理距离的增加，管理难度急剧增加，组织就存在失控的风险。

这个时候，灵活、创新已经不是最重要的了，降低风险、对团队忠诚、过程可控，才是最重要的。

从这个角度来看，让这位民企副总引以为傲的，其实只是某一个特定阶段特定的产物，会伴随着时间的流逝、公司的壮大，慢慢消失。

但凡你还有能引以为傲的灵活,那只是因为你的公司还不够大。

僵化是强者的宿命,灵活是弱者的无奈。

## 二

外企的生存之道,根本就不是去跟各国的企业拼灵活性。

因为一个全球性公司,面对的是日本、中国、韩国、巴西、美国、俄罗斯、澳大利亚等国家以及欧洲、中东、非洲等地区的竞争对手,这些竞争对手全是本土公司。

如果一个全球性公司不拼灵活性,那拼的是什么?例如,作为一家医药公司,应该持续去关注什么是患者真正的痛点,什么是真正先进的技术,这些才是能在全世界通用的,有普适性的。

永远把精力放在研发、收购那些领先于自己的技术和产品上,让竞争对手来追随自己。

用新技术研发产品,在一个领域成为领先者,然后逐渐被本土公司追上,市场份额逐步丢失,然后逐步有序地退出这个市场。

从市场准入到培育,到成长、成熟、衰落,最后逐步放弃,完成一个产品完整的生命周期。

我们为什么容易气愤、容易悲伤?

因为我们生离死别的经历太少了。中国的公司都太年轻,太朝阳,太有活力,这些公司以为在这个世界上,KPI(关键绩效指标)每年都是以10%、30%以上的速度增长的,而事实上呢?

那些全球性的公司看到的世界是，某个产品在某个国家，以每年 1%~3% 的速度在萎缩、在衰落。

这些产品一边衰落，一边退出，一边涨价，完全不做降价的垂死挣扎。

这才是真实的世界。

因为我们这代人，从工作开始，看到的全是增长，所以对辽阔的世界充满了误解。

等中国的这批企业达到一定规模出海之后，享受完二十年的人口红利，也会面临人口萎缩、经济平稳或衰退、生意不增反降的局面。

当你的公司总部在深圳、重庆或上海，生意遍布全球的时候，你的公司在印度、俄罗斯、拉丁美洲、中东的职业经理人也会对中国总部骂骂咧咧的：这批中国人怎么这么僵化？

而那个时候，这些骂声是一种形状比较奇怪的奖状，而不是耻辱。

## 三

如果你觉得我在乱说，我们再换成投资的角度来看这个问题。

作为普通人，你手里有几十万、几百万，你买股票，买基金，买黄金，买房产，都可以，看似非常灵活，可选择的标的物非常多。

作为一个聪慧的普通人，如果这种灵活性经常能给你带来年化 10%~1 000% 的收益率，那你真是太厉害了。

一些厉害的投资人、公募或私募的基金经理的年化收益率甚至能做到 20% 左右，管理的基金规模一度达到千亿，他们主要投资白酒等板块。

中国的外汇储备，最近是三万亿美元左右的规模，为什么不交给这些投资风格灵活的基金经理去打理呢？

结果三万亿美元的外汇储备，70% 买了美国国债和机构债券，剩下的也是买入日元、欧元、英镑等。

美国国债的收益率，现在是 0.5%~2%。

当你手里拿着几十万、几百万、几千万的时候，你还能各种灵活操作，获取高额回报率。但当你手里的资金规模达到十亿、百亿、千亿、万亿的时候，你的投资回报率，会低到尘埃里。

这或许就是规模的诅咒。

# 有事言语一句，没事各忙各的

在达婶眼中，我是一个衣来伸手、饭来张口，不会操作一切家用电器，分不清干湿垃圾的家伙。

其实，她说得不够准确，家里的灯、电脑、电视机，我还是会用的。除了这几个，其他的，我是真的不会。

为什么不会？一是被达婶照顾得太好，二是对这些东西完全没兴趣。我只对赚钱感兴趣，对其他事都提不起兴趣，包括娱乐。

我的两部手机里，所有微信联系人加起来有两万个左右。但是大多数时间，我的手机是很安静的。只要手机动了，基本上都是有事找我，肯定是和赚钱、发展有关。没有人找我闲聊。

为什么会这样？

因为我长期的坚持。

也正是因为我长期的坚持，我才能驾驭得了拥有如此众多读者的自媒体。

如果不选择这个模式，你就注定要累垮，你要么增加人手，提高成本，要么就是无效社交，降低效率。

# 一

那些叽里呱啦、不说重点、没事瞎扯的人，基本都被我拉黑了。

他们对自己的时间不负责，我可要对自己的时间负责。尤其是有一些读者，上来说半天，连自己是谁都没说清楚，这就太浪费时间了。

我推荐过一本书——《放大》，是池骋老师写的，我还买过二十本送给一些读者。因为这本书抓到了本质——我们要把自己的某一项东西，比如才华、美貌、权力、技术、金融杠杆、联结效率等进行放大。

如何放大？

有的人通过参加线下聚会、出门递名片的方式不断刷脸，有的人则通过公众号、抖音、直播等线上渠道刷脸。本质上，这些行为都是向外联结和扩展。

某天下午，接到一个任务，要我研究一下我们手里的一款产品在法医界的应用场景。

我发了条信息到朋友圈：

> 各级公安机关刑侦部门、物证鉴定中心：
> 
> 　　该产品应用于研究非正常死亡，包括食物中毒、煤气中毒、化学中毒等场景。
> 
> 　　仪器设备加上耗材，全国大概一个亿的市场规模，目前该产品还没有国产，只有进口。我们是其中做得最

好的。

每个单子,十几二十万。

欢迎联系。

发了这条信息到朋友圈后,微信就炸了。

来了一堆合作需求,有三甲医院检验科的,有公检法系统的,有经销商老板,甚至还有本来就是搞刑侦物证的。

还有投资机构、行研领域的,给我发来了这个细分领域的相关资料。

忙了两个小时,才处理完第一拨生意联结。

这种感觉才是我最喜欢的。

平时互不打扰,各自安心,一有合作机会,就闻风而动,相互联结,一起慢慢变富。但是,大多数人都是平时吃吃喝喝,酒肉朋友一堆,真有什么事的时候,没有一个能指望得上。

## 二

八年前,我兼职给上海某学校讲"经济学原理"这门课。

在课堂上,我和三十多个同学探讨了一个问题:"如果你回家,你爸给了你一张银行卡,里面有一个亿。你爸说:不瞒着你了,摊牌了,你是一个'富二代',你爷爷给我的时候,是十个亿,被我糟蹋得只剩这一个亿了。在山西还有一个煤矿,也是留给你的,因经营不善而摇摇欲坠,需要你带三个人去力挽狂澜,否则,这一个亿全部赔光也不够，你就彻底是'负二代'了。请问，这三个人，你会选择谁和你一起去？你会选择你不认识的人吗？很可能不会，因为没有信任的基础。你会选择那些平时天天和你一起玩耍的人吗？如果你对身边的人要求高，身边都是牛人，你就会带着。如果你知道身边的人都是混子，都是平时陪你吃喝玩乐的，而真正有能力的、可信的人，是在班级里平时不怎么说话的。虽然平时不说话，但你知道他很靠谱，他吃苦耐劳、诚实守信、坚韧不拔。你有钱了，你要做大事了，即使你没有和他说过话，你也会走过去问一声，'和我一起去山西吧，给你钱，我需要你的帮助'。"

我平时工作，见经销商，聊潜在的合作者，做自媒体，都是这个思路。

我全部展示给你看，和你打明牌，只要我联结得足够多，网撒得足够大，就能筛选出很多潜在的合作者。

懂技术的好好搞技术，懂市场的好好弄市场，会做 PPT 的好好搞 PPT，懂做业务、搞联结的好好整合统一战线。没事不用整那些虚头巴脑的聚会和团建。

胜利，不断地胜利，让所有跟着你的、和你联结的人都赚到钱，都取得更好的成绩，这就是最好的团建。

三

我所在的医疗行业，正在发生翻天覆地的变化。

上万亿规模的生意，正在发生结构性变化。

公立医院在转型，在搞医研转化，传统的生意正在萎缩，大量的人才正在溢出。

新兴的非公医疗，比如康复科、肿瘤科、心脏科、妇产科、第三方检验、医学美容、口腔科、眼科等，都在快速地连锁化、资本化。

除了医疗服务端，还有大量的产品，从生命科学领域延伸到临床医疗领域，不断涌现的新技术、新服务，各种CDMO企业（合同定制研发生产机构）、CRO企业（合同定制研发机构）层出不穷。

医疗板块已经成为目前最热门的投资赛道之一，微信公众号"医业观察"的创办人星哥写了一篇文章——《跳槽8年后，他终于当上了拟上市IVD公司CEO》。

星哥发给我，我问："这是你老同事？"

星哥说："是的。"

我说："你以后也会越来越厉害的，老同事都成上市公司CEO了。"

星哥说："我希望你们这帮朋友都混得好，你们混得好，我才能混得好，我在行业里的能量来自你们。"

同样的话，大概一年前，在我的微信公众号文章阅读量只有一两百的时候，他从深圳飞到上海，也和我说过。

我们相隔两地，平时很少联系。即使联系了，也是寥寥几句，我发个东西给他，他发个东西给我，看看对对方是否有用。

这才是成年人之间该有的交往方式。

还有一些顶级的自媒体，尤其是"流量+产业"的，玩的都是私董会，每个月或每个季度线下交流一下，相互出一下主意，相互帮一下忙，然后就分散在各地，各忙各的。

我每天写三千字，只是梳理一下内心的思考，不是要和你探讨，更不是要找个话题和你唠嗑。

在这三千字里，你看看哪些内容对你变富有帮助，这就够了。千万不要蹦出来告诉我：这里错了，那里错了，你变了，你和以前不一样了。

我文章写完就拉倒了，我得往前继续走，去思考下一件事情，去联结下一批人。

有些人天天在网上、在现实中找那些对自己有用的，而有一些人则天天在网上、在现实中找那些他们可以批评的。

人生辽阔，不要只活在爱恨里。

如果总是认不清自身的问题，还长着一张爱说教的嘴，这辈子就尴尬了。

## 赌徒赢钱从来不值得羡慕

一

江湖上有一句话：你赚不了超出你认知的钱。

一群实业爱好者，总觉得实业更好，完全唾弃房产投资者，觉得买房致富是可耻的，是炒房客。而那批买房赚钱的人，也许正躺在沙发上睡大觉。

外企的经销商在中国达到两百个就会引起总部关注了，而国内公司的经销商可以达到三千多个。我说："这个事情，让我筷子都吓掉了。"

有个读者给我发信息："你太没见识了，在我们快消品行业，这完全不是事。我们这儿的经销商都是泥腿子出身，群狼战术这些套路在我们行业都是玩剩下的。"

这个读者的信息说明了跨界的重要性。

同样是做生意，你认为是必须遵守的金科玉律，在另一拨人眼里可能是必须打破推倒的。

晚上，我和两个潜在的经销商老板吃饭。

‖让自己的人生永远有选择

这两个人，一个是做医院互联网系统的，一个是做医院大设备的。

他们对现在和未来都很困惑，感觉医疗生意好像没我说的那么好做。

我在文章里写道："有的产品是放大镜，有的产品是显微镜，用产品去看世界，看到的世界是完全不一样的景象。"

我讲一下，产品是怎么做的，为什么可以这么做。

1.高频打低频。

销售POCT产品是一个高频的生意，销售大设备是一个低频的生意。高频的生意每天都有正反馈，每个月都能正向激励团队，对人员稳定、公司发展都有好处。

2.耗材打设备。

没有耗材的生意，即使你赚钱，也是没有太大意义的，因为你的公司不值钱。

你只能赚到产品的钱，赚不到未来的钱。今朝有酒今朝醉，明天没酒喝凉水。完全没有复利效应，没有积累，每年营收高低起伏，很不稳定，手停口停。所有估值高的公司，都是带耗材的公司，生意才能长长久久。

3.公司最终归宿。

一个经销商老板从开公司的那一刻就要想清楚十年乃至二十年之后，这个公司最终的命运是怎样的。

无非三种：倒掉、卖掉、上市。

上市，大多数人都没这个命；剩下的两个，最好的结果就是能够卖给大企业，成功上岸，否则就是关门大吉。

你看看那些经销商公司，最终能卖掉的大多都是稳定经营耗材的公司，经营设备的，根本没人买。

而这个最终的命运，在你选赛道的那一刻就已经决定了。

忙活十几年，有的人做公司是在养牛，平时赚牛奶的钱，最后一把能赚牛肉的钱。

有的人做公司，是在烧柴火，烧的是自己的青春，也很赚钱，也很温暖，但岁数到了，客户代际更迭，自己也老了，这个生意就没了。

## 二

和两位潜在经销商老板吃饭，分享了很多我对行业的认知。

对方说："我做了十几年的生意，每年赚赚亏亏，很多问题从来没有思考过。比如，我所在的领域做大设备销售的，经常遇到厂家销售不守信用，价格变卦，'吃拿卡要'等恶习。经销商夹在中间，前面对付客户，后面对付厂家，非常痛苦。"

我说："据我所知，我们公司没有这个恶习。"

对方很激动："那你们真是太好了。"

我说："不对，你要仔细思考一下，为什么我们没有那么做，而他们这么做。肯定不是我们这批人的道德比他们高尚，把两拨人马换一下，可能都会变的。

"人都是被具体场景和利益驯化出来的。好的这批人会变坏，坏的那批人也可能会变好。

"我们做的是耗材的生意，设备十几万，本来就是小钱，这个小钱对客户来说是小钱，对厂家销售来说也是小钱。既然是小钱，除去很多费用，设备就赚不到啥钱，必然也就激发不了人内心的恶。而后面耗材的钱，也都是辛苦钱，一年一台二十万元左右，分布在各个地方，也激发不起人内心的恶。我们追求的是规模，是增长，是增量市场。一旦下场抢劫，后面生意就没了，得不偿失。你做大设备就不一样了，一个单子的额度很大。一个单子下来，你不掉两层皮，是不可能的。除此之外，还有最重要的一点——心理预期。"

我问："你们做大设备的，厂家人员流动性是不是很高？"

对方猛点头。

我说："那就对了。如果一个人，在一个岗位上，给自己的心理预期就是干一两年就跑路，他必然要作恶。而我们的生意，很多销售、管理层在自己的岗位上做了五年、十年甚至十五年，他们有稳定的心理预期，要做长长久久的生意。心理预期稳定了，必然就少作恶，因为作恶对长期的利益有影响。"

我继续问："为什么做大设备的销售，很难建立起稳定的心理预期，而我们可以？"

对方说："这个问题，我从来没想过。"

我说:"这就是由生意的模式决定的。我们公司,现在一年××亿的营收,95%以上靠的都是耗材生意,即使明年一台新机器都不装,我们仍然可以保持10%以上的耗材增长。为什么?就是存量市场、人口老龄化、经济增长带来的自然增长。单单靠这个增长,就可以向总部交差,何况还有新增装机。

"但那些做大设备的,从上到下,没一个敢停下来的,甚至都没人敢拍着胸脯说,明年一定能完成多少指标。他们过的日子是朝不保夕的,是剧烈波动的,是没有稳定预期的。设备厂家除了大规模压货,来调剂一定的大小年之外,没其他太好的办法了。经销商的仓库一旦压爆,厂家的人就要跑路,这是必然的。自己的命都要保不住了,还会在意别人的命、别人的利益吗?而耗材生意,可以抹平周期的波动。

"在经济学里,一旦某类资产可以抹平经济周期的波动,必然会成为极其优质的资产标的,会沉淀大量的资金,比如房产,比如国债。那些波动极其剧烈的资产,除了吸引赌客,是吸引不了正经人的。而赌客是小部分,是掌握不了多大规模资产的。

"很多人喜欢打牌,喜欢赌博,我从来不参与,即使赌客在澳门赢了很多钱,我也从来不羡慕。这种小钱,有啥好开心的?要做就做那些能算出来的项目,基本都能赢的大钱。"

# 一年顶十年的认知，是从筛选和剔除开始的

一

某段时间，我们团队扩张，招了好几个新人，这些人来自天南海北，秉性各不相同，在民营医院、县域医院、宠物医院、生物医药等细分赛道，尝试再立功业。

每个新人加入一个组织，都会闹出很多奇奇怪怪的笑话，有的大一些，有的小一些。

前半年，是最考验职业经理人的黄金时期，一个苗子能带成什么样，新人的野心、潜在战斗力能被激发出多少，非常关键。

但是，聪明的管理者都清晰地知道一个悖论，也在思考一个问题：职业经理人骨子里到底愿不愿意培养新人？

很多人本能的反应是，那肯定是愿意培养啊，公司的人事、老板，不都天天喊着要培养人才吗？

其实，在大多数公司，职业经理人根本就不会培养新人，任其自生自灭。

这是管理学里最精髓的部分之一，有人一辈子都没想明白。

首先，培养新人非常累。你掏心掏肺地和他讲解，他用懵懂无知的眼神望着你，挑战你，问你为什么。

其次，职业经理人也是靠业绩说话的，培养新人周期太长，对短期业绩无用。与其费那个劲去调教年轻人，不如直接到市场上招个同行的熟手，一个眼神，对方就能明白战场上枪炮如何用，敌人如何杀。

熟手上来就能打，不用培养，这也是很多公司不招新人的原因之一。以医药行业为例，西安杨森当年号称"黄埔军校"，拜耳就盯着挖，你培养一年，能打了，我就加点钱，挖来直接用。

最后，有的管理者心里会想：如果把下属培养得非常强，那他自己是不是就要被干掉了？下属的不可替代性变强，对他是不利的。

老板要培养新人，是因为公司是老板的，人才更新换代对老板才是最有利的。

但大多数公司的职业经理人没有这个觉悟。只有那些企业文化非常正向的公司，才能培养出大格局的职业经理人。因为你不把下属培养好，找不到好的接班人来接你的职位，就无法给你升职，无法给你更大的空间去发挥。这样的话，好几个老板和我说过："你这个家伙别调皮，进步得快一点，否则耽误我进步。"你要是能加入这样的组织，遇到这样的领导，要好好珍惜。

## 二

我经常思考一个问题：我们是否能够识别出别人的善意？

以我自己为例，我是学经济的，做业务的，平时喜欢思考，非常愿意去研究一些自己不太懂的领域。

我受限于自己对世界底层逻辑的认识，这个逻辑不一定对，只是个人的见识——抛却所有的经济规律、共识等，我就关心一点，如果我赚钱了，其他人有获益吗？

如果只有我获益，其他人没赚到钱，也没抽到成，甚至还利益受损，那么我赚的这钱，就没法长久，就没法牢固。

有人建议投资房产——好多年前，我看了一篇讲房产投资的文章，立马就开始行动了，把所有的理论都研究了一遍。

确信我赚的这点钱是小钱，别人赚的是大钱，这个钱我才赚得安心，才能长长久久，不用担心暴涨暴跌。

同理，在职场里，也是如此。

做下属的一定要弄明白，自己做的事符不符合公司的战略方向，符不符合公司的利益。

如果只有你获益，那你是干不久的，公司高层费了半天劲制定的战略方向，你根本就不搭理，忙活自己的小算盘，赚自己的那点钱，你就等着被修理吧。

但是，并不是每个人都有这个觉悟，都能理解这个善意的提醒。

有些人反而会觉得我是个马屁精，领导说啥我干啥，无论对错我都干，没骨气。

你想要去保护他，懵懂无知的他却觉得你是神经病。

所以，我们一边辜负着别人，一边也被别人辜负，都是因为认知。

第四章 靠近强者，让自己有更多可能

## 三

我写过一篇文章，讲的是如果一个人弄懂比较优势，就会发现自己原来可以和更强的人合作，赚得更多。

当然，你最好能一眼认出某个强者，就如同星哥一眼看上我。又比如我第一次看医疗行业郭天勤的文章时，当时是半夜，我还是立马给老板打电话讨论这个人。

后来我找了很多途径，想要见到郭天勤，试过给他打赏、留言，却始终没有回音。

一次，我出差，我问同事："你们那边医疗圈有个郭天勤，你认识不？"

同事说："我认识，我的很多群里都有他。"

我当时写文章有半年了，就问同事："你觉得他写文章联结生意怎么样？"

同事说："啥破玩意儿，每天叨叨叨，在很多群里发，天天吹牛。"

我心里一凉，觉得他不识货，没法聊，就让他把郭天勤的微信转给我，我要单独去约。

周末，郭天勤出差刚回来。我带着团队在酒店参加会议，终于约到他过来一起吃饭。

在等郭天勤的时候，我和另一个同事边吃边等。

我问他："对于郭天勤写医疗文章联结生意的事，你怎么看？"

让自己的人生永远有选择

这时,他还不知道我也在写文章。

他说:"很巧妙,很牛,但也很可惜。"

我问:"为什么?"

同事说:"因为他当年换工作的时候,还给我们公司投过简历,后来因故去了别的公司。因为他写文章联结到的医疗资源对他的公司帮助极大,这家小公司很快就在业内出名了。他来我们这儿面试的时候,只是想做个销售,现在他已经是那家公司的大区经理了。"

同样一个人,同样都是在医疗圈子,有人能看出他的价值,有人只觉得他唠叨。

你是否能识别强者,选择与谁同行,选择相信什么理论,选择投资什么品类,每时每刻,都在决定着你的人生。

人和人之间的差距,是很容易拉开的。

我平时为什么很自信?

因为我看上的人都升官发财、进步神速;我选择的投资赛道都远超职场收入;我选择的理论,在各个场景、各个时间点,不断被验证。

更重要的是,我竟然还很年轻。

希望你也能找到属于你自己的一年顶十年的财富秘籍。

# 第五章

## 让自己的人生永远有选择

## 从没有网感到百万营收，浅谈我的野蛮成长

我和很多人一样，都是在职场里工作。没想到一年多的时间，却把自媒体做起来了。

很多人问我："你是怎么做到的？"

我是一个很开放的人，无论是在知识星球里，还是在公众号文章里，都希望能和大家一起成长，慢慢变富。

在知乎上，有一个帖子问：全球会发生经济危机吗？

我本身是学经济的，又是医疗行业的，对全球供应链有切身的感受，也知道应对疫情导致货币超发，会带来的资产价格暴涨等逻辑，就从产业链的角度回答了这个问题。没有想到，我的回答一下子火了，上万的点赞、转发，我收获了第一批粉丝，也认识了一些知乎大 V。

这种感受是极其微妙的。我本来表达欲就比较强，就开始思考有没有可能做自媒体。

可以。

如何操作呢？

第一，学先进。把网上头部大 V 写的文章翻出来，仔细研究每

一个人的风格。把Spenser、粥左罗、池骋等人写的教写作的书全部买回来，花一周的时间全部看完，把每本书的框架、逻辑都整理在笔记本上，做好了梳理工作。

还买了"插座学院"和池骋老师的线上课，花了一千多，听了一半，大概知道门路了，就准备开始动手写。

第二，找定位。据说，如果你在一个领域里做不到头部，但是你在A领域是前20%，在B领域也是前20%，在C领域也是前20%，在这三个领域重合的地方，你就是头部了。

我给自己的定位是：医疗职场+自媒体联结+房产投资。

原因是，在医疗职场里，我算是从几百万从业者里杀出重围到达一定级别了，有一定的发言权。

在自媒体领域，分享像医疗行业这样的传统行业内容的竞争非常小，不像IT、电商、情感等热门领域那么激烈，好好写自己的观察、感受、故事，我还是有机会混出头的。

关于房产投资，我有一定的研究和发言权，我在这块的资产增值部分比在职场的还要多。

现在回过头来看，这个定位是很正确的。在传统的医疗行业里，我吸引到了很多上下游同行，给自己的本职工作也带来了很多生意机会。

第三，展现真实感。如果各位认真研究微信公众号，会发现整个微信公众号的阅读量是下滑的，很多搬运类账号、头部大V的流量都出现了不同程度的萎缩。但是，仍然有一些账号在崛起，大部分是原创类账号，分享行业里真实的故事和案例、自己的见闻和思考。这种账号体量不会特别大，上限不高，但是黏性特别大，对号主的工作也有极强的帮助。

以我本人为例，我做的医疗行业，每台设备的价格都是十来万，如果和一个经销商建立了合作，一年的营收能做到几百万甚至上千万，未来还有机会做到数千万的业务。

这种规模的生意，不是你在网上讲道理就能把潜在合作者吸引过来的，要展现真实感，长期坚持，让对方在暗处慢慢地观察我们，才有机会合作。

第四，信任前置。在传统行业，生意规模大的大多是强人际关系的生意。厂家和经销商的上下游之间，原本需要很强的信任基础才能产生合作。但是，通过自媒体的长期输出，向潜在合作者不停输出你的观点、你的生意逻辑，有资源的人就会来找你谈生意。

一年的时间，我已经通过自媒体找到了很多客户、合作者，甚至是新同事，收获极大。

这批经销商总体的生意规模一年可以达到上千万，这就是在传统行业里用自媒体解决信任。

信任前置这个概念，是我发明和应用在这个传统领域中的，希望对各位传统行业的从业者有一定的启发。

第五，以力破巧，以量取胜。我不能天天去追网上的热点、风口，因为这些热点追得多了，虽然容易涨粉，但是定位就跑偏了，吸引来的是情绪粉，阅读量暴涨暴跌，会伤害到自己。

我对自己的要求是，不追热点，认真写自己定位的内容，每天分享真实的故事和观点，每天坚持写三千字。

以量取胜，因为微信公众号也开始对新人有一定的流量倾斜和推荐了，虽然涨粉速度很慢，但是微信公众号的价值大，坚持写下去就会有很大的收获。尤其是会吸引到传统行业里的顶尖人物，比如，我就吸引到了很多医疗行业的创业者、投资人等，也有同行大V来提携我，或者和我产生一定的合作。

这些机会的价值是巨大的，远远比你的广告、流量要有用得多。

无论是对你的职场未来，还是创业，都有极大的帮助。

很多同行可能不认为我写得有多好，但是我每天能写三千字，这种自律、勤奋能吸引很多人，也会受到很多同行的敬佩。

而传统行业的人可以利用自媒体收获很多客户、很多信息，很有价值。

关键是要耐得住寂寞，给自己定一个五到十年的规划，否则，在传统行业，大部分人三四十岁之后混得都不是很好。

第六，选文体。一定要找到让自己舒适的表达方式。

比如，如果你长得好看，适合做直播或视频，那你就走这条路。

我知道自己长得一般，有点文笔，那就老老实实地走文字路线，选择文字路线后，还得找一种文体，让自己能坚持下去。

举个例子，我是做业务的，每天都在外面跑，每天都会见一些人，这些人说了哪些话，我说了哪些话。这种对话体是让我感到最舒服的写作方式，我就按照这个方式来写，把每天的聊天内容筛选出来，提炼一下，就是一篇三千字的文章。

而且这种文章有画面感，很多读者会觉得看我的文章就像在现场听我吹牛，在一定程度上加强了真实感。

刚开始的时候，我也写一些论述文，想讲清某个主题，发表某个观点，但写作压力是比较大的，经过摸索，最后才选择了这种文体。

选择自己舒服的文体，除了容易坚持下去，还有就是节约创作时间。因为顺手、舒服，所以我每天晚上只需要花两个小时就能写三千字，每天坚持也不累。

第七，生活场景贩卖。作为传统行业从业者，我每天见到的人和聊天的内容，很多同行都容易感同身受。

读者不是来看我讲道理的，而是来看看我今天又遇到了谁，和谁聊了啥。

这种体验也是很特殊的，相当于我把这个行业的事情给提炼了，有一定的文学性、可读性，读者黏性也会增加很多，读者是会上瘾的，像阅读他人写的日记一样，满足了一部分人对另一个世界的好奇心。

第八，互动和投资。在传统行业里，有我们自己的潜规则和玩法。大家不懂有不懂的好处，可以利用这个信息差，玩出很多花样来。

比如，我在知识星球里搞微天使投资，让大家报项目，每个月选出一个读者，给他一万块钱，给他流量，帮他赚钱。

一年投十二期，发出去十二万，坚持几年，我投资的项目就会遍布全国，未来我还可以把金额提高，做更多的天使投资。

很多传统行业的人都缺流量，能做出自媒体流量会非常受同行和上下游的欢迎。

因为这样的自媒体具有更高的商业价值，变现的力度非常大，规模可以达到百万、千万级别。

希望我这个传统行业的从业者做自媒体的思考，能对大家有帮助。

第五章 让自己的人生永远有选择

# 时间和算法，才是造富之路

有段时间开会，每天忙到晚上十点才回到酒店，很多人劝我："太晚了，你就别写了。"

这些人是出于善意，甚至还有很多读者说："要是没有特别好的话题，你就别写了。"

但是，我很负责任地告诉你们："即使你们是出于善意，但你们全都错了。这种认知上的差别和分歧，才是人与人之间真正的差别。"

我把自己看到的世界，掰开给你看一下，你就知道这个世界的真实情况是怎么回事了。

一

我写文章分析过，POCT 是一门好生意。在文章里，我提到了一个观念：做事要利用高频打低频，前端打后端。

在自媒体领域，也是如此。我不建议你一定要有什么惊天动地的观点才开始写，因为每个人的认知是不一样的。可能你花了几个月写出来的自以为惊天地泣鬼神的文章，在很多人眼里就是垃圾，毫无意义。

我们经常误认为自己是天才。其实，你花几个月写出来的文章和花两个小时写出来的文章，整体水平是差不多的，无非就是你搜集的资料更多一些，数据更扎实一些。

但是，你的整体认知框架，是不可能因为你多花了一些时间，就有大幅提升的。

注意我的用词——整体认知框架。你是什么水平，就是什么水平，终其一生，都很难大幅提升。

而你能联结到的人，大多数也是在你的水平附近上下浮动的。在认知上，他们不会高你很多，也不会低你很多。如果比你高很多，他们看一眼就再也不看了，觉得是垃圾；如果比你低很多，他们看一眼，也是再也不看了，也觉得是垃圾，甚至还骂骂咧咧的。

一旦认识到这一点，我们作为输出者，能打败其他输出者的唯一手段，就是靠高频，靠累积数量。

最后，时间都会站在高频输出者这一边。

时间是很残酷的。输出的时间间隔太久，即使你再厉害，你的喜爱者也会离你而去。这是很多人一辈子都无法理解的。爱一个人，爱一个事物，很多时候和你好不好没多大关系，就是时间到了，情景过了，心境变了，不再爱了。

这一年来，无论曾经多么喜爱我的读者，最后都会离我而去，即使我变得更好更强，他们仍然会走。他们成长了，恋爱了，变忙了……这些都有可能。

一个人之所以孜孜不倦地做一件事，肯定是尝到甜头了，肯定是有原因的，而这个原因，外人一般是看不清的。

所以，当你看到这样的人时，你要去分析他，去研究他，而不是去阻止他，除非你有更厉害的打法，否则你就是在耽误人家赚钱。

## 二

作者与作者之间存在着竞争，但是，更大的竞争来自平台和平台之间。

如果微信公众号这个平台哪一天没人看了，彻底没落了，那么在这个平台坚持文字工作的，就要另谋出路了。

这也就是很多人说的，现在是视频时代，不是文字时代，告诫所有搞文字工作的人，要尽快转去搞视频。

这种说法肯定是有道理的，但是，我觉得说得不够全面。文字的能量密度是远高于视频的。你要做什么，应该取决于你到底想联结哪些人。这是定位的问题，你是要参与文字、视频的竞争，还是要参与能量密度和逻辑的竞争。

平台与平台之间的竞争，也会促进彼此相互学习，平台的玩法也会发生变化。

以微信公众号为例，写微信公众号文章的人都知道，这个文字平台开始借鉴字节跳动、抖音、B站等平台的算法推荐。

以前，微信公众号是没有这个功能的，是谁的读者就是谁的。而现在，这个平台可以通过你平时给哪些内容点赞，自动计算出你可能会喜欢什么样的内容。

一旦弄清楚了这个变化,你就会极其坚定地推导出一个结论:高频输出的人必将会是算法的受益者。

平台要争取作者、争取读者、争取人们停留在本平台的总时间,就要不停地给读者推荐他们喜欢的内容。

只要清楚这个底层逻辑,你就会坚定地走下去。

读者每天多一个点赞,多一个转发,多一个在看,多一个打赏,都会被算法记录,作者也会比前一天更强一点点。这个一点点,可能只是千分之一、万分之一,但是,只要你坚持一年,坚持五年,那个结果是超乎你想象的。

更重要的是,大多数人从来都没有意识到,每年都有很多微信号一批又一批地消失,数量还很大。为什么?因为每年中国都有一千万左右的死亡人口,微信号也会伴随着他们一起死去。

这个故事的另外一面是,中国每年大约有一千万人出生。这批新生儿,每一年都在长大,有的人十岁开始有微信号,有的人十五岁开始有微信号。无论他们几岁开始有微信号,每年都有上千万的新增微信用户。

而这批新增的用户,通讯录是空的,要一个个加起来;关注的公众号也是空的,要一个个加起来。他们加谁?关注谁?后台肯定会推送那些持续更新的、活跃的、正在创作的公众号。那些离开的、停更的、放弃的人,就再也没有这个机会了。

这是世界的底层逻辑,是算法,是真实逻辑。

也许这个推送，给你的只有万分之一的机会，但面对千万级别的规模，数量也足够大了。

我们普通人，想要多赚点钱，不就是拼那一点点增加的概率吗？

我们为什么努力学习，努力工作？这跟赚钱有必然的联系吗？

没有！但我们仍然要这样做，就是因为努力的人比不努力的人赢的概率会大一点点而已。具体大多少？不知道，但是方向正确就够了。

这套人生的算法，会指导我们思考、工作、投资，获取更幸福的生活。

很多人为什么很痛苦，觉得自己不幸福？因为他们对未来缺乏信心，看不到希望，看不到发家致富的可能性。

而我一直都是信心满满的，我一直坚信，成功是早晚的事情，具体以什么契机出现在我的人生中，我不知道，但是它肯定会来。

早一点的话，就是年少成名；晚一点的话，就是大器晚成。你只要想清楚了这些，就没什么好悲伤的了。

## 定位决定地位

一

某次出差坐飞机，戴着耳机听书，听的是科幻小说，一会儿一颗星球没了，一会儿一艘飞船没了。

飞机一颠簸，把我吓坏了，以为要死了。

伴随着恐惧，我睡着了。

最后被空姐晃醒了，让把飞机的小窗板打开。

落地，拖着行李箱去见客户。

忙完之后，达叔微天使投资第一期的老陈问我到哪儿了，他五点半到我住的酒店，想请我吃个饭，聊一下。

我说："好。"

老陈到了，本来要吃火锅，可是我体检出尿酸高，医生不让吃火锅等嘌呤高的东西，还得减肥，我们就在酒店大堂吃自助餐。

我问："你这次来找我干啥？"

老陈说："上次和你说过，我辞职了，专心搞体外诊断价值圈，在弄课程、写文章、上流量什么的。"

我问:"效果如何?"

老陈说:"流量每天增长一两百,课程每个月也能卖一些,但但感觉进入瓶颈期了,再往下,就不知道该怎么搞了。你难得来出差,我想见你一面,听听你的意见。你在我们医疗圈里算是最另类的,崛起速度最快,输出量最大,产生的价值也最高,想请你给我一点意见。"

我说:"很多人只看到了我的输出量惊人,却看不到我的输入量。如果我把我每天的联结、拜访、学习、看书、听书等输入量展示给一般人,能吓死对方。这一点,达姊是知道的,我平时几乎没有任何娱乐时间,甚至对娱乐都提不起兴趣,我只对学习、输出、联结、赚钱感兴趣。而且,我在起步之前,就把房产类、财经类、医疗类的自媒体都研究了一遍——他们的定位如何,服务的对象是谁,如何变现,发展路径是怎样的,流量大小,打造的是个人IP还是公司IP。这些都要研究清楚,然后再琢磨我的定位在哪里,服务谁,如何变现,最后要发展成什么样。对于我们医疗领域的其他几个大V,你对他们的分析能深入到哪一步?"

## 二

老陈给我介绍了一遍。

我说:"我给你拆解一下我的看法,以及对你的建议。第一,同样的流量,操作方法不同,收获相差一个数量级。比如,抖音里,同样是千万级别的粉丝,有的人营收做到亿级,有的人是千万级别，有的人只有百万级别。谁最能赚钱？作者能帮读者赚钱，读者才最愿意付费，这样的关系才是最健康、最有价值，也是最长远的。

"第二，资讯不值钱，观点和思考才值钱。有些作者搬运的是资讯类文章，阅读量暴涨暴跌，热点来时，阅读量可以破十万，热点没了，阅读量只有一两千。资讯速朽，思考永存。比如，我2020年的文集，每天有很多人去看，这一百多万字，再过十年拿出来看，仍然很有意义。时间久了，就有复利价值。

"定位决定地位。自从'达叔经济学'这个账号崛起以来，有很多人模仿我，从形式到内容都有人模仿，甚至有一些读者把模仿者的账号发过来，气鼓鼓地说：'有人模仿你。'我一点都不生气，只要大家都能成长，我无所谓，我甚至还鼓励一些人去搬运到其他平台，希望他们能赚到钱。我为什么不生气？因为他们只看到了形式，看不到内核。

"比如，我的定位是'医疗职场+自媒体联结+房产投资'，非常简单，哪个才是我真实的内核，我真正想突出的东西？是医疗职场。这才是我真正的主航道，我要把所有的资源导向这个赛道，在医疗领域憋一个大招。自媒体联结的人是我写作的灵感和素材，自媒体赚的是小钱，微天使投资，甚至未来更大规模的投资，才是大钱。

"我分享经济学、房产投资的知识和观点，让大家赚钱，这些都是增值服务，给医疗从业者的增值服务。他们关注我，是因为我故事写得好吗？是因为真的能帮到他们。"

## 三

老陈说:"那你给我一些建议,至少启发我一下。"

我说:"如果我是你,我会首先考虑这个问题——做产品,还是做流量?一般人的本能反应是两个都做。如果你做得到,那当然没问题,一旦做成了,你就是赚钱的头部人物。但是,只要做好其中一件事,你就比大多数人都厉害了。

"如果你要做流量,那么其他流量主就是你的对手,他们不会和你合作。如果你要做产品,那你就把产品做好,和头部大V展开合作,进行分成,甚至和他们一起开公司,让他们拿大头,你拿小头。

"大多数人迈不过那道坎。他们宁愿自己一个人累死累活,一年只赚五十万,也不愿意和别人合作,一年赚一千万,自己分三百万。这是格局的问题。"

接着,我又问:"你辞职的这一个月里,出门见了几个人?"

老陈说:"每天在家里搞课程、搞文案,没出去见人。"

我说:"那你可能跑偏了,闭门造车是搞不出什么好东西的,真正的好东西都在强者的脑子里。如果今天你不是来酒店找我,而是发微信、打电话,最多十分钟,我就不搭理你了,因为根本聊不出什么来,更不可能给你两个小时。

"你见到的人,和你手机里的人,完全是两个人。见过的人,很可能更愿意帮助你,给你的价值也更多。有了手机,大家都变懒了。谁能坚持出门拜访,谁的赢面就更大,更有可能赚钱。按照这个路子崛起的人，我见过好多。我每天到处见人，甚至周末都要见两三个，这才是崛起的秘诀。"

老陈犹豫着说："我地处西南，天天往北上广深跑，成本也吃不消啊。"

我说："你为啥要全国跑呢？你完全可以把自己定位为'西南王'。你可以花时间去拜访西南几个省所有从事医疗行业的厂家、经销商、业务员，甚至客户，和他们建立信任，成为西南百事通、人脉王、联结器。大多数总部在北上广的企业，他们都会来西南做生意，他们来了就找你，你成为联结西南的第一站，不可以吗？搞成了，照样很赚钱。

"我给你讲两个小故事，帮你开拓一下做课程的思路。我当时投资你，推荐你课程的时候，效果非常好。很多经销商老板也买了你的课，他们买了之后，让新招的销售去学，也就是说，购买人和使用人发生了偏离。购买者有钱，有影响力，但是不爱学习，他们买了让别人去学就可以了，这样的客户，你想不想要？"

老陈说："想要，这是我之前没想到的。"

我说："我上周见了一个读者，是 IVD 企业的老板，公司有近两百人。喝茶的时候，这个老板告诉我，我的读书会办得非常好，他发到他们的公司群，建议同事们都去买了学，费用找公司报销。我当时就震惊了，为啥我的读书会刚上线就卖了几千份？原来是背后有这些大佬在帮我，单靠我一个人，是没有那么大的能量的。你做课程，可以借鉴一下这些思路。"

# 论生意的分层和网红的转身

## 一

我年轻的时候,有一本书对我启发很大,书名是《思科九年》,里面讲了很多故事,有一个场景,我一直记忆至今。

故事的主人公是卖通信设备的,单子规模在几千万元人民币上下。一天晚上,他被带到一个会所吃饭,里面出现了这个单子背后的大鳄,真正的操盘者。

酒足饭饱之后,操盘者点上一支烟,悠悠地说道,最近没事做,听说有这个通信的项目,想参与一下,自己平时是不做这种低于一个亿的生意的,但最近闲着也是闲着。

灯红酒绿之后,主人公买了次日清晨的车票赶回省城,去做标书。

主人公一个人孤独地坐在候车大厅,等待开往省城的第一班列车。

他点上一支烟,不禁恍惚:昨晚自己真的去过那个地方吗?真的见过那些大鳄吗?

## 让自己的人生永远有选择

我当时年纪小，一年业绩只有几百万元，但隐约觉得这个世界的生意是分层的。

关于这个话题，我曾经想写一篇文章，标题都起好了——为什么印度的首富是印度人？

我一边开车，一边问达姊："这个题目怎么样？"

达姊说："你这个神经病，这不是废话吗？"

很多人都认为这是废话，印度的首富当然是印度人。

但这是为什么呢？背后的原理是什么？

把比尔·盖茨扔到印度，把孙正义扔到印度，他们是不是一定成不了印度的首富？如果是，那是为什么？你再聪慧，在没有基本盘的情况下，你就永远成不了大事。所以，印度的首富只能是印度人。

## 二

CMEF（中国国际医疗器械博览会）开展的第一天，我被安排在公司接待一个咨询培训公司的副总，对方五十多岁，中国香港人，现定居在上海，是中国内地第一批外企职业经理人，第一份工作是在 GE（通用电气），待了七年。他在香港入职 GE，后来被派到内地开展工作，内地香港两地飞。

他讲了一些当年的风光往事。

我对往事没太大兴趣——老人才天天念叨往事，我感兴趣的是通过往事推断未来。

二战后，内地经济起步比日本晚，比"四小龙"晚。

于是，那个时代，内地的职业经理人虽然赚到钱了，但要面临长达二三十年的职场天花板。老板要么是中国港台人，要么是日韩人，甚至直接就是欧美人。

直到最近十来年，内地职业经理人的职场天花板才逐渐被打破，职位从总监到副总，再到亚太区总裁、全球副总。

是这些职业经理人的能力在快速提升吗？可能是，也可能不是。

除了个人的能力，更重要的是历史的进程，中国内地市场正在变得越发重要，高增长、高潜力，是跨国企业业绩增长的发动机。

我们对在市场上取得的任何成绩，都要时刻怀着敬畏之心。

从在 GE 再到其他大公司做管理，这批港台人算是吃到了时间差、地域差的第一批红利。

再到后来年纪大了，有了职场阅历、级别和资源，开始转型做职业培训师，成了咨询公司的合伙人。

这算是外企人比较体面的归宿。

如果想不清楚，没有及早做规划，囤积的资产不够，或者退路准备得不充分，时间窗口一旦过去，外企人的最终命运还是比较凄惨的。毕竟，资本嗜血，要的是你年轻的躯体。

这一部分讲的是外企进入中国的路径，以及中国职业经理人给外企打工的命运。

我虽然不在国内企业，但是可以推演一下，中国企业逐步崛起，产品和人才走出去，对其他国家的市场和当地职业经理人的命运会造成什么样的影响。

## 三

我见完这个香港人，又赶到另一个地方找了个粤菜馆包厢，点好菜，等两个人。其中一个是我在 2015 年知道的网红，就是那个在知乎上连续斗嘴拼诗，争论杭州和南京哪个好的"宁杭之争"的主角之一。

这不是我第一次见他，在此之前我玩知乎的时候就跟他约见过，当时他在某制药公司 N 家做销售。第一次见面，我们坐在星巴克里聊天。聊了一会儿后，我们就开始聊职业规划。

我说："医药销售的工作，我好多年前做过，之前还有机会年入百万，现在基本没戏了，上限很明显。除了收入上限越来越低，还有一点就是，你在重复劳动，没有一个产品作为抓手，实现不了复利，实现不了真正的客户变现。客户都是聪明人，你手里有多少，能带来多少，能支配多少，对方就跟你谈多少生意，除此之外，多一毛钱都不会谈。"

他低头不语，憋了半天说："我现在的工作就像是在煤矿里挖煤，挖得越多、越好，就感觉越悲凉。"

如果一个人没有更大的野心，安于生活，那他一辈子是很开心的，比如达姊，她就比我幸福。但是，如果一个人有野心，对这个世界有更多的念想，却长期得不到实现，他就会受到野心的折磨。

也许只是赛道选错了，也许只是没有找到更合适的抓手。

第五章 让自己的人生永远有选择

半年后,他从外企 N 家离职了,加入了南京本地的医疗器械公司,和他的同事来 CMEF 看产品,约我吃晚饭。

我给他们讲了一个故事。

安徽某市,一个胖胖的妇女,在医疗行业找不到好的工作,另辟蹊径找了一个赚钱的方法——在医院帮各个公司上报告、催进展、催回款。

每天准时准点出现在客户的办公室门口,也不说话,也不乱跑,就坐着,为经销商和厂家提供"推进"服务。

我问:"你一个月大概能赚多少?"

妇女说:"万把块钱。"

我问:"满意吗?"

妇女说:"很满意。在我们这儿干别的,一个月工资两三千,干这个,冬暖夏凉,有空调,能赚万把块,很高了。"

我说:"没人和你竞争吗?"

妇女说:"没有,我这个工作很有技术含量,能催得出,还不让客户讨厌,是个技术活。"

客户在变化,在创业,在寻求更多的发展。

有一些技术精湛的医生,甚至成立了自己的品牌医院,组建自己的医生团队。

而绝大多数人根本就没察觉到这个世界的变化。

风起于青蘋之末,浪成于微澜之间。

## 四

你看,《思科九年》里的大鳄们,低于一个亿的生意是不看的。面对于小人物来说,每个月一万的生意就心满意足了。

生意的分层,无处不在。

有一次,我和某企业负责人吃饭,问起生意的事。

负责人非常严肃地对我说:"你们把事情想得太简单了,生意是分层的,什么规模的生意,属于哪个级别,都是划好的。比如,在我们企业,规模超过千万元的生意,我身为负责人,我真的能做得了主吗?那些三四千万元的生意,看着像是我在做主,其实我比谁都头疼。这些项目分给谁都不好,要么把项目分开,大家都有饭吃,要么索性流标,不买拉倒。几百万的生意,我能有点发言权,几十万的生意是那些职位比我低一点的人的。各玩各的,尽量别相互打扰,也别相互为难,都是混口饭吃。"

说完,一杯酒一饮而尽。

你看着高高在上的大人物,或许在另一个领域里就是《步步惊心》里的一个小小的太医,是别人招之即来挥之即去的角色。

谁也不用羡慕谁。

曲终人不见,江上数峰青。

# 如何把一个小生意做大

某天出差回上海,在虹桥火车站旁边的商场见了两个医疗界同行。

一个是达叔微天使第一轮投资的老陈,一个是上海某民营高端儿科医院的医生。

两人是分别见的,和每个人聊了两个小时。

我们聊商业模式,聊非公医疗,聊对行业的见解。虽然很累,但是很开心。

我问老陈:"你从重庆跑来上海干啥?"

老陈说:"我在网上报名了一个课程,举办地在上海。我提前一天来,就是想见一下你,聊聊天,梳理一下思路。"

我问:"多少钱?"

老陈说:"六千八百八十八元,这次是第二场,上一次他们在深圳举办,很火爆。"

说完,他把手机拿出来,给我看了一下课程内容。

我说:"你和郭天勤两个人,都很优秀,一个在重庆,一个在郑州,都很上进,和长三角、珠三角的年轻人一样,舍得在知识付费层面为自己投资。"

老陈说:"郭天勤比较优秀,他在你的星球里,在其他自媒体里,都比较活跃,而且也很能写。我尝试过多写一点,但是坚持不下去,一周最多只能憋出一篇。"

我说:"每个人的定位不同,你的经历和天赋可能不在这个层面。据郭天勤分析,我的文章主题很宏大,只有20%的人能悟到,另外80%的人适合读郭天勤亲身经历的沾着泥土气息的小故事。我俩的文风,正好互补。"

老陈说:"你俩都愿意帮别人赚钱,格局都很大,真心去分析一个市场,手把手带着他们去厮杀,这很不容易。"

我说:"因为我们走的是自媒体网红的路线。医疗诊断行业很赚钱,以前都是闷声发大财,是一个非常细分的领域。这几年,才有了医疗自媒体的网红,愿意用互联网、IP的打法去解决信任问题,去扩大战果,去提高效率,去解决私底下的人身依附关系。

"相应地,这种打法对IP的持有者提出了更高的要求,至少不能是一个坏人,不能损害经销商或合作伙伴的利益,不能'吃拿卡要',否则,人设很容易就崩塌了。这是最完美的状态,双方都有掀桌子的能力,也都有不掀桌子的修养,相互制衡,共同进步。"

老陈问:"那你觉得我的培训项目,未来有哪些打法?有没有必要做B端(企业用户)业务?"

我说:"第一,没有必要;第二,没有能力。

"先说没有必要。B端的培训业务,看似营收不错,但是剥离掉讲师费用、营销成本，真正的净利润是不高的。你年营收能破千万吗？很难。中国顶尖的培训机构，给世界五百强公司做销售培训，一天收费二万到五万，平均三万左右。你能全年三百六五天不停接业务吗？不能。三百天，一天三万，就是九百万一年，这就是上限。

"再说没有能力。培训本身是非必需品，所有公司在遇到危机时，都是先砍掉培训等费用，这也是大多数内资企业根本没有培训体系的原因。对外采购培训，是超级奢侈品。在我们医疗行业，只有大公司才会花钱请讲师，大多数公司都想着请熟人来免费讲一下。

"我在集团内部，见过人力资源团队对外筛选培训机构的要求，极其严苛，对乙方的品牌、讲师、课程、既往案例等，要求都很高。你这个小团队是没有能力达到的，甚至连这些公司的采购库都进不去，所以B端这条路线，基本上是走不通的。

"如果你请外面的大专家、退休高管来讲课，那你就是帮他们打工了，双方关系松散，难以保障，也难以做大。就像民营医院的老板一样，如果他们无法降低获客成本，形成品牌，只能通过公立医院的主任过来坐诊带来患者，那么这些民营医院的老板，就是为公立医院的专家打工的。这个道理，在你的培训课程里也是一样的。你没有知名公司高管的经验，这条路目前走不通。"

老陈问："那我走C端（个人用户），如何才能走出差异化，形成规模效应？"

我说："我投资你，很大一个原因就是你的流量有延展性，最后可以形成一个赚钱的闭环。我的读者里，有很多优秀的人，有关系、有钱、有精力、有赚钱的欲望，在当地都是厉害的人物，但是没人带领，进不来医疗行业。他们手里的关系，没有变现的抓手，这样的人，我遇到过很多。指望我手把手教他们进入医疗行业吗？不可能。从头带新，把门外汉领进门，太辛苦了，至少需要半年以上的时间，他们才能赚到钱。

"对于年营收可以破千万的生意，他们是陌生人。在没有足够的信任之前，谁敢和他们瞎聊内功心法？

"而你的课程，就是一个很好的筛选器。愿意付费，把你的课程学习一遍，他自己就能去研究这个行业的操作思路。学了思路之后，你赠送一个知识星球，里面有八百多个医疗同行，让他们自己去联结，找人带路，去拿产品进行变现。只要找到一个，就是一年几百万的生意，是逆天改命的机会。"

老陈说："这个思路是对的。你还有哪些建议？"

我说："做完这一步，你提供了教育，只是解决了认知上的问题。在实践上，你缺少一个方向和一个可行的抓手。

"方向是什么？如果他有资源，就手把手教他如何利用资源；如果他没有资源，你就给他找一个民营医院、宠物医院、县域医院等可以快速上手的方向，让他去试。

"方向有了，你还缺一个抓手，这个抓手就是产品。一般的厂家或经销商会给他们机会吗？不会。你要解决一到两个强势的产品能确保拿到代理权，能保护他们的利益，让他们拿着这个产品去变现。"

老陈说:"太对了,一般人根本就不知道,在几百种产品中间,到底哪个是红海,哪个是蓝海,难度差异太大了。"

我说:"除了难度大,还有生意规模的匹配度。你上来就让他们去操作一台上百万的设备,他们立马就蒙了。第一年应该拿十来万级别的产品去练手,让他们有成就感,操作一台成功了,就能赚几万,一年就能赚上百万。

"我的一个读者,从三月份开始操作,三个月就已经营收一百多万了,全年真的有机会破千万,会彻底改变他的一生。"

老陈点点头说:"前几天,品牌张和星哥在文章中讨论,现在杀入 IVD 行业,选哪个赛道能逆袭成功。星哥觉得分子诊断是个好赛道,品牌张则说选 POCT。无论哪一个,至少没人说杀成血海的生化行业。我刚入行的时候,干的就是生化,哭死了。如果我当年踏入的不是生化,收入应该会高很多。"

我说:"这就是我要和你说的下一步,需要你去解决的。"

我把手机拿出来,找到我和图书策划人的聊天记录,拿给老陈看。

"你要把你过去三年多积累的作品梳理出来,编成医疗行业的泛教材,去联系中国各个医学类、器械类院校,每个学校都有就业指标的。"

老陈说:"是的,我老婆是大学老师,他们的确有就业指标压力。"

我说:"你去找学校的就业指导中心、勤工俭学办,去给他们做演讲,把你编的教材发给他们学习,提前一年研究医疗行业,帮助他们找实习、就业,你也能筛选出优质的C端流量,筛选出像浙江姑娘那种有意愿、有能力、有执行力的潜力股,推荐给企业。这样,对学校、对个人、对企业,都是有价值的。你给社会提供了价值,自然就能赚到大钱。

"培训公司几乎没有一家能做大的,尤其是IVD这个行业,你最后肯定要走产品路线,带领一批人杀出来,才能把规模做到几千万,最后证券化,赚到大钱。"

老陈说:"今天'618',我们推出一个学院活动吧,给个优惠券啥的?"

我说:"好。"

## 眼界开阔的年轻人

**一**

某天下午,我落地上海虹桥机场。

出差六天了,我应该立马回家的,但是我跟达姊报备,我要在虹桥机场航站楼见一个姑娘。

这个姑娘是做金融业务的,想找一些自媒体合作,但她刚毕业没多久,还是个新人。自媒体大V都被前辈们找完了,都有了自己的合作伙伴,不会轻易换阵营的。

姑娘就自己研究新崛起的相关账号,找到了我。那时候,我的读者很少,阅读量也很低。

除了微信公众号"医业观察"的创办人星哥,只有这个姑娘坚定地看好我,觉得我的风格很独特,只要坚持下去,必然能崛起。

于是她就在集团内部推广我的账号,要和我谈合作。

我极少接广告,我写文章是为了将来更大的联结。医疗行业才是我的主赛道,所以对于广告,我基本都是拒绝的。但是,这个姑娘仍然坚持找我,动之以情,晓之以理,让我试试,说肯定会有意想不到的结果。

后来,合作了一次,彻底把我的眼界打开了。

我比她大近十岁,但在某些新兴的赚钱领域,我却不如她。

于是,为了表达感谢,我主动约她,问她什么时候要是路过上海,我们见一下。

这一次,她在杭州见了某头部大 V,到上海虹桥和我碰个头,再回深圳。

## 二

下午三点,虹桥机场的咖啡厅。

姑娘拎着箱子到了。

寒暄之后,我问:"我当时账号流量这么少,你为什么觉得我能成长起来?"

姑娘说:"直觉,我的商业直觉特别敏锐,而且几乎每一次都是对的。我看了你的几篇文章,就知道在整个互联网里,你是极其特别的存在。等你做大了,我再找你,你肯定就不理我了。当时我也刚做,你也刚起步,我们相识于微时,这种感情是很不一样的,所以我选择赌一把。我把你推给集团的时候,全公司的人都在笑话我,说这个号太小了,没必要合作。"

我说:"不仅你公司里的人拒绝你,我也拒绝了你好多次,回你信息都特别慢。"

姑娘说:"在自媒体大 V 里面,你算是态度好的了。很多搞自媒体的，根本就没法沟通，你是很客气的。和你合作之后，你有没有发现，那段时间我特别忐忑，担心你赚不到钱？"

我说："我没啥感觉，我只是觉得你那么努力，你做什么项目，我都愿意配合你，算是对你的投资。能赚钱当然好，不赚钱也无所谓，这就是我对很多事情的态度，但是每一个努力拼搏的人，我都希望和他交朋友。"

姑娘说："你的数据出来之后，整个公司都震惊了，数据非常好，远超预期，很多同事都想继续和你合作。"

我说："数据的表现也令我很震惊，说明我的文章给大家带去价值，不收割大家，是有回报的。我给你介绍的那个朋友，他的号广告发得太多了，就作废了，太不克制了。"

姑娘拿下口罩，喝口咖啡说："我在北京见过他，他很后悔，没有抵挡住小钱的诱惑。"

我说："我写了很久，第一次接广告的时候，很多读者给我发信息，恭喜我终于接到广告了，令我非常感动。别的公众号接广告会被骂，我接了个广告，会被读者祝贺恭喜，这就是我长期表现好的正反馈。"

姑娘问："那你为啥能坚持住？"

我说："因为我想得很明白，我见过大钱，我知道自己要赚的是什么钱。公众号刚注册好的时候，我就知道我能赚一百万。而这一百万，只是万里长征的第一步，我要从读者里面筛选出一批人，投资他们、联结他们，一起赚医疗行业的大钱。

"能做医疗的、研究经济的、投资房产的,都是聪明人,聪明人看你几篇文章,就知道你是什么套路,什么水平,甚至能明白你是什么目的。这是写文章给聪明人的弊端,对方太聪明,收割不了,套路不到,甚至我这类号的订阅上限都很低,最多也就几十万人。写八卦、情感、历史、政治之类的,订阅可以达到上百万,但那又不是我想写的,当然我也不擅长。"

## 三

我问:"你除了见我,这次出门,还见了谁?"

姑娘报了几个名字,都是自媒体财经领域的顶级流量,她介绍了这些作者的年龄、家庭状况、团队人数和营收规模。

她感慨道:"很多优秀的年轻男人,早早就被人下手了,二三十岁,一年纯利几百万,太令人崩溃了。"

姑娘说完,咯咯笑。

我问:"你未来会找什么样的?"

姑娘说:"互补型的吧。我脾气不太好,赚钱能力强,可能会找一个年轻帅气、能够提供情绪价值的。"

我问:"有大V要投资你吗?你天天和这些人混在一起,已经打开眼界了,知道年轻人一年赚几百万、上千万是怎么回事。你已经回不去了,你最后肯定是自己单干,而且你在这个圈子里,你知道整个业内在流行什么,做什么最赚钱。

"就像房产管家、中介公司一样,金融产品是钱的通路,房产是钱的终点。无论是直播赚钱了还是医美赚钱了,这些人都集中出现,然后被你看到。你看见他们是做什么才能赚到百万级别的,你还年轻,眼界开阔后内心就被种草了。"

姑娘说:"你可别忽悠我,我现在每个月收入还不错,正在职场上升期,的确有其他大V说要投资我,但我目前还要积累,没有出去单干的意思。我有几个同事,去加盟了大V的团队,的确能赚大钱,但是人各有志吧。"

我说:"那就对了。在想要跟我谈合作的甲方当中,你是思路最清晰,表达最清楚,也是最坚持的那一个。你是公司培训的套路,还是你自己研究的套路?"

姑娘说:"我们公司发展得很快,所有的套路都是我自己研究的。合作效果好的,我准备了一套话术;效果不好的,我另有一套话术,肯定会想尽办法继续维持合作。"

姑娘突然想起来问:"你的知识星球现在多少人了?"

我说:"×人了。"

姑娘打开手机里的计算器,继续问:"读者数量呢?"

我说:"×万多。"

姑娘说:"渗透率是6%,和我见过的一些头部大V差不多,中等偏上的都是6%。我见过的账号特别多,很多人都定格在6%,你说奇怪吗?"

我说:"数学是很多事情的本质,如同化学统一在元素周期表上,生物学统一在基因上,商业的本质就统一在数学上。最优秀的

▌让自己的人生永远有选择

账号，渗透率是多少？"

姑娘淡淡地说："可以达到 15% 到 20%。"

我端起咖啡，和姑娘碰了一下杯，说："和你聊天，非常有收获，因为你在帮我开拓边界，帮我打开眼界。我的知识星球，原本定价是 365 元，定期优惠价 300 元，5 月 1 日前来了 × 人。随后，我觉得没什么人来了，我就慢慢涨价，每多 100 人，就涨价 100 元。现在是 × 元，× 人。而我做这个涨价的决定，是因为当时的我对上限没有想象力。如果我知道上限是多少，那我的做法可能又会发生变化。"

姑娘看着我说："我知道你见我，最希望听到的就是这些数字，这些数字也是你们最需要的，如果对你有帮助，今天见面就很成功了。"

我说："我要投资你，不论你将来干什么，不论什么时候，只要你想做，和我说一声，我肯定会给钱、给流量，给我能帮助的一切。"

握手，起身，我回家，姑娘坐飞机回深圳了。

# 多少钱才能够"收买"你

一

某个周末,我和达姊去吃酸菜鱼,一边吃饭一边聊天,聊到很多大V文章的观点转变,比如,很多大V早期是写楼市"空军",写了几年,观点就变了,变成楼市"多军"。

达姊问:"按照你的理论,一般作者早期的观点都是真诚的,没有被收买,那么他们早期是真诚的'空军'吗?"

我说:"是的。很多作者,2014年那批误打误撞成为大V的,他们有充足的表达欲,却没有足够的原始积累。一个没有财产规模的人,是看不清世界真相的,即使他有一肚子知识,却经常是错的,或者是正确而无用的东西。

"大多数职场自媒体,最终的归宿,不是房产,就是金融。因为房子说到底只是金融的载体,本质上也是金融,这个玩意儿最赚钱。流量不加上产业,只接广告,你就是天天接,收益天花板也是很低的。你一天收一万广告费,一年最多也就是三百六十五万。"

达姊瞥了我一眼,说:"广告没接到几个,就开始吹牛了。"

我说:"我只是想和你说,自媒体不能走广告路线,否则路越走越窄,最重要的是赚不到大钱。"

## 二

体外诊断网的李总被请到我司来谈合作。

在 IVD 自媒体大 V 里,李总是排名第一的顶尖流量,是坚持时间最久的人之一。

我问:"你是八几年的?"

李总哈哈大笑说:"我是 1979 年的。"

自媒体圈基本上是 90 后的天下,但是在我们医疗圈里,最大的顶流竟然是一个 70 后。更重要的是,自媒体大 V 基本上都是在一线、沿海城市,或者知名城市,而李总在沈阳。

我问:"你做这么多年自媒体,最大的困难是什么?"

李总说:"经常感觉很疲惫,快坚持不下去了,比如这次,我就觉得自己肚子里的东西快倒完了,有一种匮乏感。要出来走一走,学习一些新鲜的东西,补充一些能量,才有东西继续往外倒。

"去年,我在家里憋出一个视频号,你在家里憋出了一个微信公众号,都是一年的时间。我明显感觉到,视频号的影响力是巨大的,有很多创始人加了我的微信,这在以前是不可想象的。"

我说:"我印象中最神奇的一件事是,某外企和某民企两家大公司打官司,赢的那一家要求输的那一家在你账号上发道歉声明。"

李总笑着说:"我也是极其震惊的,别人都以为我们是提前沟通好的，事实上，根本没沟通，我也是事后才知道的。"

我说："这就是影响力。很多创始人老板、经销商老板，甚至是很多医疗行业的客户，都是你的读者。我们这个行业，信息太匮乏了，很多人分散在各地，日复一日，年复一年。在他们创业初期最孤独的时候，都是你们这些行业自媒体人在陪伴着他们。这种程度的信任感、陪伴感是经过岁月的浸润才能达到的，这种信任是竞争对手面临的最大的壁垒。"

李总分享了几个小故事，其中一个是关于某企业试图设计诬陷他，还试图录他的音，幸好被他识破，最后化解了。

李总说："我也不是缺钱的人，是有价码的人。你拿那个钱来录我的音，还嫌不够丢人的，还要收买我，那也得多一个数量级以上，才有这个可能性。"

老板笑着问我："你看看人家，你有这个觉悟吗？"

我佩服的不仅是李总的作风，还有他对文章和短视频质量的严格要求。诊断领域的产品太分散、太杂了，他竟然对每一个产品都仔细研究，努力对作品负责，这很感人。

这一点，我就不如李总，在自媒体创作上我每天只花两个小时，内容大致正确就差不多了，甚至数据都不想罗列。

三

下一个环节，就是我来介绍产品，讲解合作模式。我说："拿几个省来搞试点，给整个体外诊断领域来一个创新式打法。如果能搞成,那将会是一个划时代的新打法,至少能解决业内非常多的痛点和资源错配。要打破垄断,打破利益禁锢,打破既有格局。"

李总问:"你们为什么选择这个打法,怎么和既有的渠道做配合?"

我回答完之后,补充说:"如果我们没看到更宏大的世界,外企会继续按部就班往前走。但是,我们看到了一个巨大的市场,至少在我们合作的这个领域,五到十年内是巨大的市场红利期。如果你的流量将来要和产业结合进行变现,带领一批人致富,那产品一定要好好选。

"一个自媒体的流量是值钱,但只是小钱。如果能带出一两百个经销商老板一起赚钱,那才是大钱。"

李总说:"这也是我一直在思考的,我不想着自己能赚多少钱,我每天想的是能给别人带去多少价值。如果我能带去价值,那么我赚钱是水到渠成的。"

# 诀窍都在小事里

## 一

有一天,财务高管讲了一番话,很有意思。

她说:"有两种领导,一种是像我这样的,刚到一个公司,对所有人都是抱有善意的,所有人都是满分,你骗了我一次,或错了一次,我就在心里扣你一分,扣到不及格,你就危险了;另一种领导,刚开始,对所有人都是一样苛刻,所有人在他那里都是零分,觉得你们没有一个人是可靠的,然后慢慢相处,你靠谱地完成一件事,他就给你加一分,谁做得好了,谁就能升官发财。"

我写过一篇文章,主题是总有一双眼睛在暗处审视着你。这位财务高管讲的话,跟我的观点完全吻合。

绝大多数的上班族,一辈子都在职场底层,没有机会坐在桌子边,听管理者内心真实的想法。

所以,要珍惜每一次吃饭,每一次汇报,每一次在别人面前出现的机会,不要不上心。

## 二

有一次，在三亚，达妽拉着我去海边的一家餐厅吃饭。

海南的太阳落得比较晚，我们到的时候，餐厅里的客人非常少，我俩带着孩子找了个靠海的位子坐下了，服务员还没过来。

老板看到了，对正在低头玩手机的男生破口大骂，话骂得比较脏。

小伙子低着头，过来把菜给点了，就回去了。

我对达妽说："这个老板如果真的想生意好，不应该当着客人的面大声呵斥骂脏话，听到脏话对我们的心情也是有影响的。他是发泄情绪了，是爽了，但是我们的心情就被他搞坏了，对他的生意不利。"

达妽点点头，看着大海，也不太搭理我，光顾着拍照、看美景。她心比较大，不像我这么敏感。

过了一会儿，我又对达妽说："我现在又能理解一点那个老板了。"

达妽很惊奇，说："你也精神分裂了？"她是个双子座，经常嘲笑自己精神分裂。

我示意她转头看那个被骂的服务生，他双手拿着手机，又在低头打游戏，嘿嘿地笑，很沉迷的样子。

这时候，客人渐渐多起来了，但这个小伙子仍然没发现。也就是说，即使被骂了，他仍然没有改进，甚至根本就不在乎。他不在乎店里的生意，更不在乎自己的成长和尊严，这一切都没有他的游戏重要。

我说："这种人几乎没救了，他对工作没热情，对自己的人生也没有热情，老板招这样的人，本身就错了。"

达姆问："别那么轻易否定人，你才刚看人家几眼。"

我给达姆分享了微信公众号"医业观察"的创办人星哥给我讲的一个故事：

某医疗公司老板，身家上亿，和朋友吃饭聊天，过来一个小姑娘发传单，传单被他朋友扔到了地上。

小姑娘弯腰把传单捡起来，擦干净，在旁边站着，准备等他们讲完，再递一次。

这位老板看在眼里，停下了聊天，递了张名片给这个小姑娘，问她对医疗行业有没有兴趣，愿不愿意到他的公司上班。

我说过，做服务行业的，尤其是在五星级酒店、会所等高端场合工作的，只要脑子够活，服务水平够高，都特别容易发财。因为他们已经进入了有钱人的视线里，有钱人的世界也很孤独，他们做事也需要人手。所有人都要清楚地知道，总有一双眼睛在暗处审视着自己。

而手机就是一个筛选器，定力不够的人就会沦陷在移动互联网之中。

因为快乐变得唾手可得，谁还愿意继续努力呢？

弃小而不就者，必有图大之心。我们得分清，什么是小，什么是大。

别被唾手可得的快乐给腐化了。

## 三

有一次,我和达姊带着女儿去吃云南特色菜石锅鱼。

达姊一边点菜,一边瞄了我两眼说:"咋了,一副不开心的样子,明天就出差了,陪我吃饭就这么不开心?"

我赶紧说:"咱俩想的完全不是同一件事。你看看现在几点了?晚上七点!正是商场餐厅上座率比较高的时候,可现在这个餐厅上座率只有三成,你说这是为什么?"

达姊歪着头,说:"不会啊,我觉得这个石锅鱼很好吃呀。"

我说:"这和好吃不好吃没关系,这个店肯定很难做下去。"

达姊问:"你又算出来了?"

我很严肃地说:"我不是算,我只是推演着玩。你听听后面那一桌,呼啦啦的蒸汽声,是不是很吓人?如果是,那么对商务聚餐就不太友好,噪声太大,容易打扰客户聊天,一惊一乍的。最关键的是,这个石锅是凸出来的,外沿的一圈石头很烫,没有防热材料包裹。无论是小孩还是大人,都容易碰到滚烫的石头,一旦碰到就是烫伤。任何人被烫伤都不会善罢甘休的,尤其是小孩。这个店的人均消费也就一百元左右,毛利再高,烫伤一次,医药费也要大出血,这就是设计上的缺陷,老板看不出来,就是老板的问题。人少的时候,烫伤的概率小一点,但人少也赚不到钱,饭店要倒闭;人一旦多了,服务员根本照顾不过来,也就叮嘱不到,肯定得出事。所以,这个餐厅无论人多还是人少,都要倒闭,当然结果很可能是因为人少倒闭。"

达妍瞥了我一眼,说:"好好吃鱼,不要想那些乱七八糟的,看你那严肃的表情,我还以为你因为我拉你出来吃饭而生气呢。"

很多人问我:"你这人为啥每天都能写出文章?"

因为这些见到的事,都是文章,都是学问。

## 四

有一次,我和一位财务总监聊天,他离开外企去了一家民营企业。

我问他:"我听说在你之前,有财务总监没通过试用期就被辞掉了,你是怎么留下来的?"

他说:"很多外企的员工适应不了民企的环境,这是正常的。就拿开会来说,大多数公司,平时开的都是业务会议;有我们财务人员参加的,级别一般会高很多。但是,民营家族企业里的很多人都和老板有沾亲带故的关系,恃宠而骄的他们觉得财务人员就是收钱、算账、玩数字的,根本就没把我们放在眼里。有些财务人员,脑子转不过来,给老板每个月写一次公司管理汇报,里面全是专业名词,都是各种缩写。其实,民企老板未必真的能看懂那个玩意儿。你一直写,人家一直看不懂,人家看不懂又不方便告诉你,你能留下来才怪了。在我之前走的不是一任,而是两任,都是外企来的，肯定不是水平的问题。我如果想留下来，就要改变策略，得说人话，不能只写数字，还要写数字背后的事情。比如，资产负债表里的库存等，一旦哪个指标太高了，我就会罗列一下最近三个月里库存排名前十的产品是哪十个，还要分析是产品滞销了，还是原材料进多了。把这些数字和数字背后容易被忽略的东西拿出来分析，才能真正指导企业去改善。"

这些事一点都不复杂，却是活下来、变强大的诀窍。

# 让自己的人生永远有选择

有读者给我留言:"我在医疗行业某五百强公司做了十二年,下周要被裁员了,想约您聊一下。"

我说:"这样的事我好多年前就已经彻底悟透了,这样的人和事我每年都能见到很多,这是个悲伤的故事,就不见了。"

当时,几个医疗行业的自媒体都在分享一篇文章——《某五百强医疗巨头中国区总裁离职了》。

2014年,我在一家德国公司工作,曾经作为优秀员工代表和文中这位总裁在黄浦江边花旗大厦的包间里一起吃过饭。

她当时应该就是中国区总裁了,她每个季度会安排一次和前线业务人员的聚餐,一起吃吃饭,听一下前线的声音。

饭吃完没多久,她就离开了,去了欧洲另一家公司做中国区总裁。

又过了几个月,我也离开了。

这几年,我每次看她的新闻,都是她和政要见面、握手、汇报之类的。

这位总裁离开之后,官宣是去了另一家德国公司,负责中国及

## 让自己的人生永远有选择

国际市场。

这次能待几年?

不知道。

一

由于工作的关系,我见过一些世界五百强公司的全球副总裁、大中华区总裁之类的。

和他们一起开过会,一起拜访过客户,也一起吃过比萨。

他们是人中龙凤,极其聪明,人到中年仍然思维敏捷,总是一副神采奕奕的样子。这些全球到处飞的超人好像几乎不用倒时差。

我问过某一位总裁的助理:"你们老板不用睡觉的吗?"

助理说:"我也愁啊,他倒是随时能睡,随时能醒,随时能工作,可把我累坏了。"

我问:"这样的生活,你羡慕吗?"

助理说:"不羡慕。我服务过两三位总裁了,有的混不好也会很快卷铺盖走人,看着统领千军万马,但真正能掌控自己命运的又有几个呢?他们表面光鲜,本质上跟你们这帮做业务的一样,也是职业经理人,都是打工的,只是高级一些,但职位是不能传承的。"

我嘿嘿一笑,说:"我写过一篇文章,讲过这个逻辑。但是,你这个思想很危险啊,助理要是都像你这么清醒,领导得有多难堪。"

助理说:"那倒不至于。有大智慧的人都有清晰的自我认知,也深知每个人的想法,他们根本就不会有这方面的困扰。包括你我在内，下属的看法他是可以一览无余的，但是他丝毫不介意，为什么？因为不重要。他们只在意那些能决定他们命运的人和事。就如同《权力的游戏》里，小恶魔他爹说的，狮子从不在乎绵羊的看法。"

我问："那你之前那些总裁级别的领导后来干吗去了？"

助理说："如果没找到新的工作，有的开投资公司，有的创业，具体干啥我也不清楚，还没看到过彻底闲下来的。"

我说："精力旺盛、战斗欲强的人才能爬到这个位置，一旦真的闲下来，会衰老得很快。对一个事业型男人来说，游山玩水、吃喝玩乐、香车美女啥的吸引力都不够，真正能吸引他的，是胜利，是成功。"

## 二

多年前，有个朋友组了一个饭局，拉我去上海的一个海鲜酒楼吃饭。

他说想创业，他有项目，有两个投资人，让我一起去见一下。

我和朋友先到，就在包厢里聊了一会儿。

我问："你和这两个人是怎么认识的？"

朋友说："一个投资人是我同学的亲戚，还开了个工厂。另一个投资人是医生，他俩是MBA（工商管理硕士）的同学。"

我问："你工作不好好做，为啥天天惦记着要创业？"

朋友说："我工作太忙，都快累死了，我从小地方来到上海是想

## 让自己的人生永远有选择

发家致富的,和你一样,但是这么多年,经常夜里才回家,看着上海路上的万家灯火,总是很失落。后面进来的年轻人,个个都是留学博士,英文好,科研好,各方面都很优秀,我们老一辈很快就没用武之地了。我不想挡着,也挡不了后面年轻人的路,我得提前想好自己未来二十年的路。"

说话间,两个投资人到了。

约的是十二点吃饭,他们一点半才到。

落座之后,他们说去苏州太湖边跑马拉松去了,跑完又是合影又是收拾东西的,所以迟到了。

我看着朋友,嘿嘿笑。

一番介绍之后,对面两个投资人以为朋友是想拉着我一起创业,他们对朋友不好意思盘问太多,就问了我很多细节。我刚开始还回答了一些问题,很快就觉得不对劲,有点不耐烦了。

看在朋友的面子上,我强忍着把饭吃完了。

饭后,朋友和他俩走了,我开车回家。

晚上,朋友给我发信息说:"不好意思,今天让你受委屈了。"

我说:"我得感谢你。今天这顿饭,提前给我上了一课,我要是不好好混,以后就是这样的待遇,在市场上被人挑挑拣拣。二十多岁的时候,一无所有,被人挑挑拣拣还可以接受;如果四十来岁还是这样的待遇,那人生基本就废了。"

朋友说:"你倒是很会宽慰人啊。"

我问:"你们后来谈投资,进展顺利吗?"

朋友说:"还要继续看看,没有时间表。"

我说:"你是严肃认真地想创业,这两个家伙,我不太看好,你可能拿不到他们的投资。"

朋友问:"为什么?"

我说:"他俩在聊天的过程中,多次在不经意间炫耀自己的MBA学历,自己的同学如何,马拉松如何,等等。在我看来,这是很傻的。他们该关心的是你,是你的项目,是你的意愿和能力,而不是把一个严肃的商务局聊成一个嘻嘻哈哈的闲聊局,太浪费大家时间了。"

## 三

几天前,在机场,我和一个朋友聊天。

朋友问:"你那个自媒体,做得怎么样了?"

我说:"发展得比我想象中的要好,这个'医疗职场+自媒体联结+房产投资'的定位,是互联网上独一份,挺受欢迎的。"

朋友问:"那么会影响你未来的职场发展吗?"

我说:"别人认为肯定会,也有人劝我放弃,这样职场发展会更顺利一些,至少会安全很多。"

朋友说:"你不觉得吗?"

我说:"我不仅不觉得,而且坚决不认可。人生在世,大多数人分不清什么是别人给我的,什么是我自己的。我毕业之后,连续五年,年年业绩都很好,却被单方面裁员,产品线被卖掉。别人在职

## 让自己的人生永远有选择

业晚期才可能受到的打击,我刚踏入职场就全部经历过了。所以,我比其他人都更有危机感,也更有忧患意识。

"那些被社会温柔对待的人,对团队是有爱的。我没有了。我不爱任何团队,我只爱一个个具体的人。谁对我好,滴水之恩,涌泉相报;谁要是折腾我,我肯定要回击的。我们人生中的贵人,他们自己也有很多局限,他们的人生也充满了不确定性,我们不能永远依靠他们。我们自己编织出一张网,去海里捞取更多的鱼,回馈贵人,回馈帮过我们的人。让自己的人生永远有选择,才不至于被动。我不认为弱小、听话、唯命是从的人是靠谱的合作者,我希望我投资的人都能比我强大。"

图书在版编目（CIP）数据

　　让自己的人生永远有选择 / 达叔著. -- 成都：四川人民出版社，2023.9
　　ISBN 978-7-220-13407-4

　　Ⅰ.①让… Ⅱ.①达… Ⅲ.①人生哲学—通俗读物 Ⅳ.①B821-49

　　中国国家版本馆CIP数据核字(2023)第149117号

RANG ZIJI DE RENSHENG YONGYUAN YOU XUANZE
让自己的人生永远有选择
达叔 著

| 出版人 | 黄立新 |
| --- | --- |
| 出品人 | 武 亮　刘一寒 |
| 策　划 | 郭 健　石 龙 |
| 责任编辑 | 范雯晴 |
| 责任校对 | 舒晓利　申婷婷 |
| 产品经理 | 刘广生 |
| 装帧设计 | 末末美书 |
| 出版发行 | 四川人民出版社（成都三色路238号） |
| 网　址 | http://www.scpph.com |
| E-mail | scrmcbs@sina.com |
| 新浪微博 | @四川人民出版社 |
| 微信公众号 | 四川人民出版社 |
| 发行部业务电话 | （028）86361653　86361656 |
| 防盗版举报电话 | （028）86361653 |
| 照　排 | 天津书田图书有限公司 |
| 印　刷 | 天津光之彩印刷有限公司 |
| 成品尺寸 | 145mm×210mm |
| 印　张 | 7.5 |
| 字　数 | 153千 |
| 版　次 | 2023年9月第1版 |
| 印　次 | 2023年9月第1次印刷 |
| 书　号 | 978-7-220-13407-4 |
| 定　价 | 49.80元 |

■版权所有·侵权必究
本书若出现印装质量问题，请与我社发行部联系调换
电话：（028）86361656